临沂林长制改革探索实践与创新

临沂市林业局◎编

中国林业出版社

图书在版编目（CIP）数据

临沂林长制改革探索实践与创新 / 临沂市林业局编. -- 北京 : 中国林业出版社, 2022.12
ISBN 978-7-5219-1975-2
Ⅰ. ①临… Ⅱ. ①临… Ⅲ. ①森林保护－责任制－研究－临沂 Ⅳ. ①S76

中国版本图书馆CIP数据核字(2022)第219904号

丛书策划：韩学文
策划编辑：何　蕊
责任编辑：许　凯　何　蕊
封面设计：睿思视界视觉设计

出版发行：中国林业出版社
（100009，北京市西城区刘海胡同7号，电话010-83223120）
电子邮箱：cfphzbs@163.com
网址：www.forestry.gov.cn/lycb.html
印刷：河北京平诚乾印刷有限公司
版次：2022年12月第1版
印次：2022年12月第1次
开本：710mm×1000mm 1/16
印张：8.5
字数：140千字
定价：78.00元

编委会

主　编： 吴丽云　李　斌

编　委（以姓氏笔画为序）：

马蓓莉　王　琛　尹鲁波　田大伟　史大林

付玉波　刘　明　闫陈辉　李　慧　李明玉

陈　筝　邵　伟　周传庆　郑　璇　赵洪省

姜运隆　徐秀丽　徐艳田　郭建曜　曹荣宇

顾　问： 马福义　刘云强　申为宝

李洪亮　张玉红　陈　磊

前言

林业是生态文明建设的主体，全面推行林长制是实现林业高质量发展的有力保障。2019年4月，临沂市委、市政府认真践行“绿水青山就是金山银山”理念，出台《关于全面推行林长制的意见》，在山东省率先全面推行林长制，全面提升林草治理体系和治理能力现代化水平，在生态文明建设与创新发展之路上奋力前行。

临沂市委、市政府连续3年把林长制列为全市重大改革事项，坚持边试点、边总结、边推广，不断推进各项工作，释放林业发展活力。在全市建起覆盖全域的市、县、乡、村四级林长制体系，形成了“党政同责、部门联动、网格管理、社会参与”的大林业格局；探索涉林行政执法与刑事司法衔接，建立“林长+检察长”工作机制；探索提升生态系统质量和稳定性，实行森林生态效益补偿，出台科学绿化实施意见；探索科技创新和全民参与的形式，设立林长科技创新示范区；充分尊重基层和群众首创精神，设立林长工作站、民间林长，全面推进了林长制改革。

砥志研思，精进不休

以习近平生态文明思想为指引，聚焦实现碳达峰、碳中和，对照全面推行林长制的目标要求，临沂在全市建立起严格、完善的森林资源保护发展制度机制，筑牢绿色沂蒙生态屏障；按照山水林田湖草沙生命共同体的要求，优化林业生产力布局，以森林为主体系统配置资源，引导林业产业区域集聚、转型升级；紧扣森林资源保护发展中的关键环节和重点领域，在加强生态保护修复上下功夫，全面提升灾害防控能力，推动临沂生态建设不断迈出新步伐、见到新气象。目前，全市有林地面积达到593.3万亩，森林覆盖率23.49%，实现林业总产值1500亿元。

砥砺奋进，筑梦前行

深化林长制改革，推进新时代林业现代化建设，既是一项长期的战略任务，又是一项复杂的系统工程。临沂市将以习近平生态文明思想为指导，积极践行“绿水青山就是金山银山”理念，统筹山水林田湖草沙系统治理，着眼系统保护森林资源、着眼解放林业生产力、着眼乡村振兴，把保护发展森林资源贯穿到林长制工作全过程、各领域，全面推进新一轮林长制工作，让绿色生态成为临沂现代化建设的靓丽底色。

编者

2022年9月

目录

【第三章　改革成效】

【第四章　特色实践】

【第五章　宣传推广】

第一章 部署推进

第一节
率先推行　高位推动

林长制是践行“绿水青山就是金山银山”新发展理念的创新举措，是推进林业治理体系和治理能力现代化的重要手段，对加快生态文明建设具有重大意义。

2018年，随着安徽、江西等省份全面推行林长制改革，山东省委、省政府主要领导对林长制工作给予高度关注，并相继作出批示，要求林业主管部门抓紧研究推进。在2019年的山东省政府工作报告中，明确提出“全面推行林长制，深入开展‘绿满齐鲁·美丽山东’国土绿化行动。”

临沂市委、市政府深刻认识到，沂蒙地区森林资源丰富，临沂是国家森林城市、林业产业大市，应该在推行林长制上先行一步、担当作为，在生态建设上出实招、挑重担，积极为推进生态山东、美丽山东建设作出重要贡献。

2019年2月，临沂市委、市政府主要领导要求林业部门结合临沂实际，先行先试、干在前面，力争在全省率先推行林长制改革工作，并亲自部署安排赴安徽省宣城市、安庆市等地考察学习，借鉴当地在推行林长制改革中的先进经验和成功做法，为临沂市启动林长制工作打下基础。

为做好全市林长制改革启动工作，临沂市林业局安排3名领导班子成员、抽调4名业务骨干组成了林长制工作专班。赴安徽考察学习后，结合临沂市林业实际，抓紧起草《关于全面推行林长制的意见》和《临沂市林长制工作方案》等文件，先后提交市政府常务会、市委常委会研究审议通过。

2019年4月3日，中共临沂市委、临沂市人民政府印发《关于全面推行

※ 2019年2月，组织到安徽省安庆市考察学习（临沂市林长办 供图）

林长制的意见》），明确了推行林长制的总体要求、组织体系、主要任务和保障措施，在全省率先全面推行林长制。

2019年4月26日，市林长制办公室制定印发《临沂市林长制工作方案》，进一步对市、县、乡、村四级林长组织体系、工作职责、节点安排等予以明确，并公布了市级林长、市级林长会议成员单位名单及责任区域任务。在市级层面

№ 000001

中共临沂市委文件

临发〔2019〕9号

中共临沂市委 临沂市人民政府
关于全面推行林长制的意见
（2019年4月3日）

为牢固树立“绿水青山就是金山银山”新发展理念，破解长期以来我市在林业生态建设上的重点和难点问题，进一步加快国土绿化步伐，构建由各级党政领导同志担任林长、负责相应区域内森林资源发展和保护工作新机制，市委、市政府决定在全市全面推行林长制。现就有关工作提出如下意见。

一、指导思想

以习近平新时代中国特色社会主义思想为指导，坚持“生态优先、绿色发展”导向，强化各级领导干部增绿、提质责任意识，以全面推行林长制为总抓手，大力开展“绿满沂蒙”行

—1—

※ 临沂市关于全面推行林长制的意见（临沂市林长办 供图）

临沂市林长制办公室文件

临林长办发〔2019〕1号

临沂市林长制办公室
关于印发《临沂市林长制工作方案》的
通 知

各县区、开发区党（工）委、人民政府（管委会），临沂商城、蒙山旅游度假区、综合保税区党工委、管委会，市委各部委、市政府各部门，各人民团体，各高等院校：

为贯彻落实《中共临沂市委、临沂市人民政府关于全面推行林长制的意见》（临发〔2019〕9号），全面建立林长制组织体系，根据工作需要，经市委、市政府研究同意，现将《临沂市林长制工作方案》印发给你们，请结合实际，认真组织实施。

临沂市林长制办公室
2019年4月26日

- 1 -

※ 印发临沂市林长制工作方案的通知（临沂市林长办 供图）

实行党政同责、部门联动，市委、市人大、市政府、市政协31名市级领导全员参与，32家市直部门单位为市级林长会议成员单位，以市林业局为主组建了市林长制办公室，具体承担全市林长制组织、实施、协调等工作。

※ 全市林长制推行会议召开（临沂市林长办　供图）

2019年4月29日，全市林长制推行会议召开，时任临沂市委书记、市级总林长王玉君出席会议并讲话，安排部署下一步任务，在全市全面启动推行林长制。在此期间，市委、市政府主要领导就林长制工作分别先后作出了4次和3次专题批示，还多次专题听取汇报，带头谋划安排、亲自研究部署，摆上高位积极推动，有力保障了临沂市推行林长制的稳步开展。

第二节
层层落实　全域覆盖

2019年5月10日，市林长制办公室召开全市林长制工作推进会，贯彻落实全市推行林长制会议精神要求，对林长制工作向县、乡、村深入推进落实进行部署安排。会前，又组织各县（区）林业主管部门负责同志到安徽省潜山市、桐城市进行了学习考察，为加快县、乡、村三级林长制改革提供借鉴。

※ 2019年5月8日，组织各县（区）到安徽省潜山市考察学习林长制经验（临沂市林长办　供图）

※ 2019年5月10日，全市林长制工作推进会议召开（临沂市林长办　供图）

2019年6月18日，市林长制办公室召开全市林长制工作现场会，会议现场观摩了沂水县、蒙阴县的乡、村级林长制组织体系构建、工作机构建立、公示牌设立及重点示范工程等情况，对加快构建完善市、县、乡、村四级林长制体系进行部署安排。之后，各县（区）、乡（镇）、村（社区）逐级跟进，出台方案、召开会议，部署展开、层层落实，林长制工作紧锣密鼓向纵深推进。

※ 2019年6月18日，全市林长制工作现场会召开（临沂市林长办　供图）

2019年7月25日，山东省人民政府办公厅印发《关于全面建立林长制的实施意见》，提出全面建立省、市、县、乡、村五级林长制体系，林长制在全省正式推开，临沂市蒙山区域纳入省级林长责任区。

2019年8月5日，全市林长制工作推进暨雨季造林现场会召开。时任市政府副市长、市级副总林长郑连胜出席会议，各县（区）政府、管委会分管负责同志及林业主管部门主要负责同志参加会议。会议现场观摩了沂南县、蒙阴县市级林长责任区荒山绿化造林点；会上，宣读了时任市委书记王玉君、市长孟庆斌两位市级总林长

山东省人民政府办公厅

鲁政办字〔2019〕131号

山东省人民政府办公厅
关于全面建立林长制的实施意见

各市人民政府，各县（市、区）人民政府，省政府各部门、各直属机构：

为深入践行习近平生态文明思想，建立健全森林等生态资源保护的长效机制，推进生态山东、美丽山东建设，经省委、省政府同意，现就在全省全面建立林长制提出如下实施意见。

一、组织体系

全面建立省、市、县、乡、村五级林长制体系，构建责任明确、协调有序、监管严格、保障有力的保护管理新机制。

1

※ 山东省关于全面建立林长制的实施意见（临沂市林长办　供图）

※ 2019年8月5日，全市林长制工作推进暨雨季造林现场会召开（临沂市林长办 供图）

对林长制工作的批示，传达了《山东省人民政府办公厅关于全面建立林长制的实施意见》有关精神，通报全市林长制工作推进情况，对加快推进四级林长制工作体系建立和重点工作任务实施进行了部署安排。

林长制改革在全市全面推开。至2019年8月底，全市在16个县（区）、161个乡镇（林场）、4289个村（自然村）落实了林长制工作。按照“党政同责、分级负责、全域覆盖、网格管理”原则，全面建成市、县、乡、村四级林长体系，全市设立四级林长12021人，其中，市级林长31人、县级林长377人、乡级林长2236人、村级林长9377人，落实技术员2937人、护林员5548人、警员1161人，形成了“组织在市、责任在县、运行在乡、管护在村”“横到边、纵到底”的全链条责任。

2019年9月27日，山东省林长制工作现场推进会在临沂召开，向全省推广临沂市工作推进模式，为推动全省林长制改革全面开展率先走出了临沂路径。

※ 2019年9月27日，山东省林长制工作现场推进会在临沂召开（临沂市林长办 供图）

第三节
建章立制　规范运行

制度建设是林长制改革的根本。在建立推行林长制过程中，临沂市始终将制度建设贯穿于工作全过程，在林长制运行落实、考评监督、部门协作、基层管护、社会参与等方面，逐步建立完善了一系列配套制度机制，形成从责任、推进到考核、奖惩的制度体系，为林长制常态化管理和长效实施筑牢基础保障。

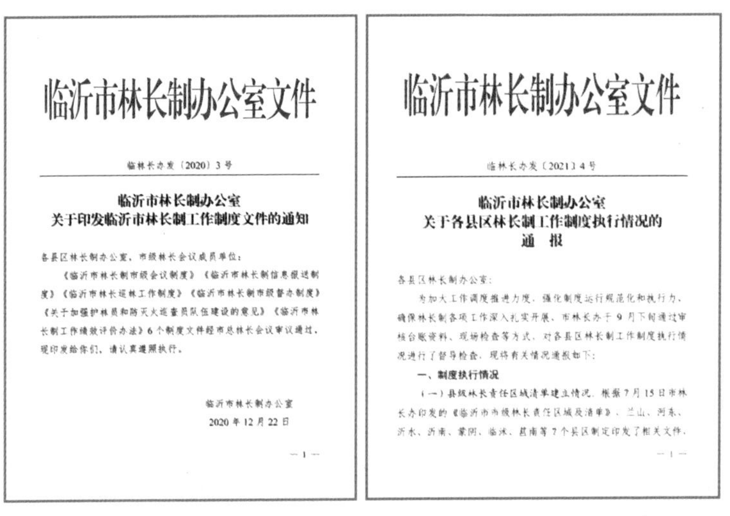

临沂市林长制办公室文件

临林长办发〔2020〕3号

临沂市林长制办公室
关于印发临沂市林长制工作制度文件的通知

各县区林长制办公室，市级林长会议成员单位：

《临沂市林长制市级会议制度》《临沂市林长制信息报送制度》《临沂市林长巡林工作制度》《临沂市林长制市级督办制度》《关于加强护林员和防灭火巡查员队伍建设的意见》《临沂市林长制工作绩效评价办法》6个制度文件经市总林长会议审议通过，现印发给你们，请认真遵照执行。

临沂市林长制办公室
2020年12月22日

— 1 —

临沂市林长制办公室文件

临林长办发〔2021〕4号

临沂市林长制办公室
关于各县区林长制工作制度执行情况的
通　报

各县区林长制办公室：

为加大工作调度推进力度，强化制度运行规范化和执行力，确保林长制各项工作深入扎实开展，市林长办于9月下旬通过审核台账资料、现场检查等方式，对各县区林长制工作制度执行情况进行了督导检查，现将有关情况通报如下：

一、制度执行情况

（一）县级林长责任区域清单建立情况。根据7月15日市林长办印发的《临沂市市级林长责任区域及清单》，兰山、河东、沂水、沂南、蒙阴、临沭、莒南等7个县区制定印发了相关文件，

— 1 —

※ 印发临沂市林长制工作制度文件（临沂市林长办　供图）　※ 临沂市林长制工作通报（临沂市林长办　供图）

建立健全规章制度。市、县、乡逐级制定了林长制会议、信息、巡林、督办、绩效评价5项配套制度，对林长制实施及重点工作任务加强定期调度，实行“月梳理调度、季督导通报、半年现场观摩、年终综合考评”，实行全程跟踪问效，形成日常监督和年终考评相结合的运行机制。

※ 2020年12月11日，召开临沂市总林长会议（临沂市林长办 供图）

※ 2021年12月31日，召开临沂市总林长会议（临沂市林长办 供图）

强化工作部署推进。认真落实林长制会议制度，市、县两级每年组织召开总林长会议，研究部署森林资源保护发展和林长制工作重点任务；紧扣年度工作推进节点环节，及时召开林长制工作推进会、现场会或专项工作联席会议，推进落实林长制及林业重点工作任务；定期召开林长制办公室会议或成员单位联络员会议，及时调度协调林长制工作进展情况，加强日常工作推进力度。

※ 2020年7月27日，全市林长制工作暨雨季造林现场会召开（临沂市林长办 供图）

※ 2021年10月16日，全市林长制工作推进会召开（临沂市林长办　供图）

※ 2022年4月19日，市级林长会议成员单位联络员会议召开（临沂市林长办　供图）

※ 2022年8月11日，全市林长制工作现场观摩会召开（临沂市林长办　供图）

加强工作机构建设。市、县、乡逐级建立了林长制办公室等工作机构，固定办公场所，明确工作人员，并将林长组织架构、林长办工作职责、有关工作制度、工作目标任务等制牌上墙，建立林长制资料档案；村级视情况设立工作机构和办公场所，建立林长、护林员、工作任务、管护制度等林长制资料档案并由专人管理。

※ 蒙阴县桃墟镇林长制办公室（临沂市林长办 供图）

严格落实绩效考评。为推动各级林长履职尽责，促进林长制各项工作有效落实，每年对县（区）组织开展一次综合考评。结合年度林长制重点工作任务安排，每年完善制订临沂市林长制工作绩效评价办法，将森林覆盖率、森林蓄积量、森林防火、林业有害生物防控、古树名木保护、野生动植物保护、林地监管等作为重要指标纳入评价体系，科学全面评价各地重点工作任务落实情况和森林资源保护发展状况，年度考评结果直接通报市、县级总林长。在考评县（区）的同时也对林长制成员单位开展评价，单独设置评价指标，督促其按照职责分工主动履责、协同落实。

临沂市林长制办公室文件

临林长办发〔2022〕6号

临沂市林长制办公室
关于印发2022年度临沂市林长制工作
绩效评价办法的通知

各县区林长制办公室、市级林长会议成员单位：

现将《2022年度临沂市林长制工作绩效评价办法》印发给你们，请认真贯彻执行。

临沂市林长制办公室
2022年8月10日

— 1 —

附件1

县区林长制工作绩效评价指标

序号	评价指标		分值	评价方法
1	林长制责任体系及制度落实（20分）	研究部署林长制工作	3	年内召开县级总林长会议，得3分。未召开县总林长会议的，县级总林长或副总林长专题调研或组织研究林业工作两次以上的，得2分。
2		建立落实目标责任清单	2	建立县级林长责任区域目标责任清单并执行到位的，能随领导调整及时变更林长，得2分；未建立或执行不到位的，不得分。
3		落实林长巡林制度	3	制定县级林长巡林制度或实施办法，严格落实巡林次数要求，巡林档案资料齐全的，得3分；有不落实的每人次扣0.2分，扣完为止。
4		建立工作提示机制	2	建立林长工作提示告知机制并执行到位的，得2分；未建立或执行不到位的，不得分。
5		建立林长+检察长工作机制	2	年内建立林长+检察长工作机制，得2分；未建立的，不得分。
6		开展工作绩效评价	3	制定县级林长制工作绩效评价办法，认真组织开展年度绩效评价工作，评价结果得到充分运用的，得3分；未组织开展的不得分。
7		林长办规范化建设	2	县级林长办办公场所、专门人员、工作制度、档案资料、平台维护等实行规范化管理，工作经费有保障，按时按要求完成工作安排，得2分；每缺一项扣0.2分，扣完为止。
8		护林员队伍建设	3	有稳定的专兼职护林员队伍，实行网格化管理，建立规范的聘用、管理、培训、报酬、保障等方面制度办法，得3分；每有1项不达标的扣0.5分，扣完为止。

- 4 -

※ 印发临沂市林长制工作绩效评价办法及评价指标（临沂市林长办　供图）

完善社会参与机制。与各级林长责任区域相对应，结合工作需要，完善配备“生态护林员”“林业技术员”“生态警员”等服务保障力量，不断细化落实责任区域日常巡护、科技服务、执法监管等工作机制。在重要的生态区域和示范基地积极探索设立“民间林长”“林长工作站”等特色做法，动员社会各界积极参与林长制工作。在责任区域显要位置设立林长公示牌，主动向社会公告林长名单、职责、区域及电话等信息，接受社会监督。

※ 临沂蒙山区域省级林长公示牌（临沂市林长办　供图）

※ 临沂市市级林长公示牌（临沂市林长办 供图）

※ 平邑县县级林长公示牌（临沂市林长办 供图）

※ 沂南县镇级林长公示牌（临沂市林长办 供图）

※ 蒙阴县村级林长公示牌（临沂市林长办 供图）

第四节
持续深化　巩固提升

2020年12月，中共中央办公厅、国务院办公厅印发《关于全面推行林长制的意见》，在全国全面推行林长制，并纳入了“十四五”规划。2021年3月，国家林业和草原局印发《贯彻落实〈关于全面推行林长制的意见〉实施方案》。2021年6月，山东省林长制办公室印发《关于进一步深化林长制改革的实施意见》。

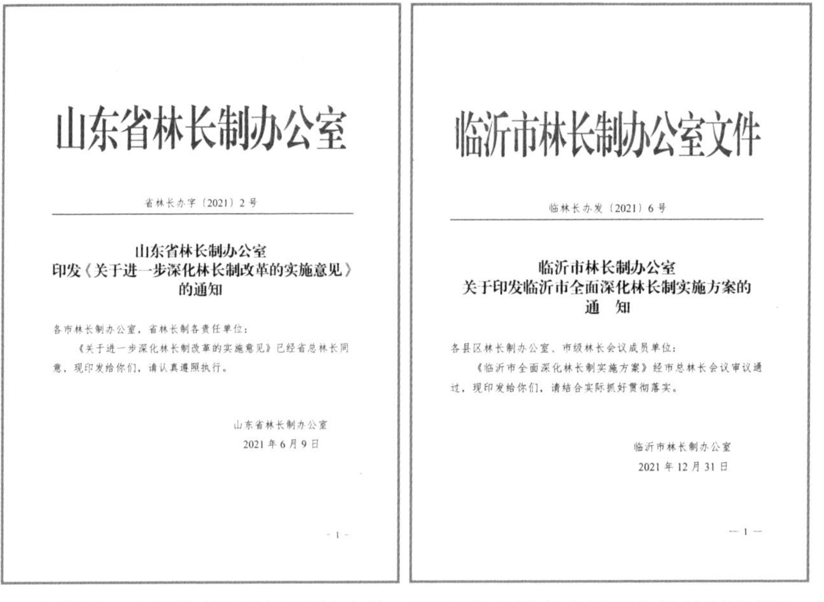

山东省林长制办公室

省林长办字〔2021〕2号

山东省林长制办公室
印发《关于进一步深化林长制改革的实施意见》
的通知

各市林长制办公室，省林长制各责任单位：

《关于进一步深化林长制改革的实施意见》已经省总林长同意，现印发给你们，请认真遵照执行。

山东省林长制办公室
2021年6月9日

— 1 —

临沂市林长制办公室文件

临林长办发〔2021〕6号

临沂市林长制办公室
关于印发临沂市全面深化林长制实施方案的
通　知

各县区林长制办公室、市级林长会议成员单位：

《临沂市全面深化林长制实施方案》经市总林长会议审议通过，现印发给你们，请结合实际抓好贯彻落实。

临沂市林长制办公室
2021年12月31日

— 1 —

※ 印发进一步深化林长制改革的实施意见通知（临沂市林长办　供图）　※ 印发临沂市全面深化林长制实施方案的通知（临沂市林长办　供图）

为深入贯彻落实党中央关于全面推行林长制新部署、新要求，健全完善党政同责、属地负责、部门协同、源头治理、全域覆盖的长效机制，市林长制办公室制定印发《临沂市全面深化林长制实施方案》（以下简称《方案》），持续发力提升林长制改革成效。《方案》按照山水林田湖草沙系统治理要求，坚持生态优先、严格保护、绿色发展、生态惠民的原则，从严格森林资源保护管理、科学开展国土绿化行动、强化森林资源灾害防控、深化森林资源领域改革、加强森林资源信息化监管、完善提升基层基础建设6个方面，明确了临沂市深化林长制的主要任务措施。《方案》提出了临沂市“十四五”期间林长制发展目标任务，力争到2025年，全市森林覆盖率保持在23%以上，森林蓄积量达到1600万立方米以上，森林火灾受害率控制在0.5‰以下，林业有害生物成灾率控制在3‰以内，林业产业总产值达到1600亿元，实现全市森林资源总量保持稳定，森林质量效益逐步提升，保护管理水平显著增强。

附件

临沂市市级林长责任区域及清单

责任区域		市级林长	成员单位	责任清单（到2025年）	任务清单（2022年）
全市范围		任 刚	市林业局	组织领导全市森林资源保护发展工作，指导落实森林防火、重大林业有害生物防控、野生动植物保护等责任和措施，督促指导破坏森林资源违法案件查处等。①森林覆盖率保持在23%以上；②森林蓄积量达到1600万立方米；③森林火灾受害率0.5‰以下；④林业有害生物成灾率3‰以内。	①召开市总林长会议至少1次；②开展巡林不少于2次，防火期至少1次。
		侯晓滨			
兰山区	全区范围	张宝亮	市委宣传部	组织领导责任区域森林资源保护发展工作，指导落实森林防火、重大林业有害生物防控、野生动植物保护责任和措施，督促指导破坏森林资源违法案件查处等。①森林覆盖率保持在11%以上；②森林蓄积量达到50万立方米；	开展巡林不少于2次，防火期至少1次；组织召开工作座谈会议1次。
	全区范围及柳青河省级湿地自然公园	任泽龙	市公安局		开展巡林不少于2次，防火期至少1次；组织召开工作座谈会议1次。

— 4 —

※ 临沂市市级林长责任区域及清单（临沂市林长办　供图）

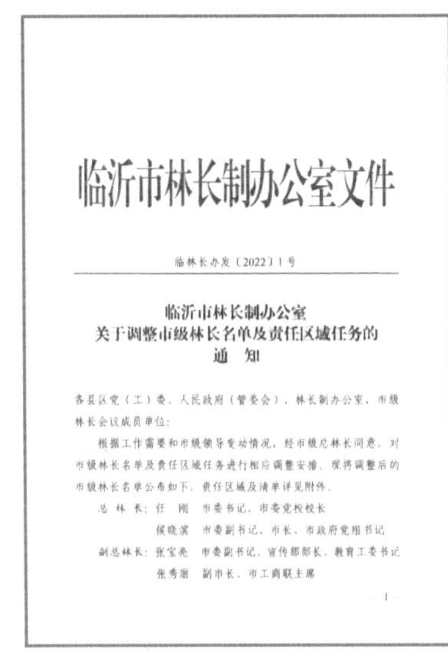
临沂市林长制办公室文件

临林长办发〔2022〕1号

临沂市林长制办公室
关于调整市级林长名单及责任区域任务的
通　知

各县区党（工）委、人民政府（管委会），林长制办公室，市级林长会议成员单位：

根据工作需要和市级领导变动情况，经市级总林长同意，对市级林长名单及责任区域任务进行相应调整安排，现将调整后的市级林长名单公布如下，责任区域及清单详见附件。

总 林 长：任　刚　市委书记、市委党校校长

侯晓滨　市委副书记、市长、市政府党组书记

副总林长：张宝亮　市委副书记、宣传部部长、教育工委书记

张秀丽　副市长、市工商联主席

— 1 —

※ 关于调整市级林长名单及责任区域任务的通知（临沂市林长办　供图）

※ 临沂市市级林长工作手册（临沂市林长办　供图）

严格落实森林资源保护发展目标责任制，对市级林长责任区域任务进行优化调整，负责相应县（区）及区域内的国有林场、森林湿地公园等重点生态功能区，并建立责任和任务“两张清单”，将森林覆盖率、森林蓄积量、森林防火、有害生物防控、野生动植物保护以及督促指导破坏森林资源违法案件查处等纳入责任清单，每年度明确1项具体工作任务。县、乡、村级也结合实际将区域内森林资源划定网格，落实相应划片分区责任及“清单”，实行网格化源头管理，健全完善“全覆盖、网格化”的四级林长责任体系。目前，全市设立四级林长10190人。

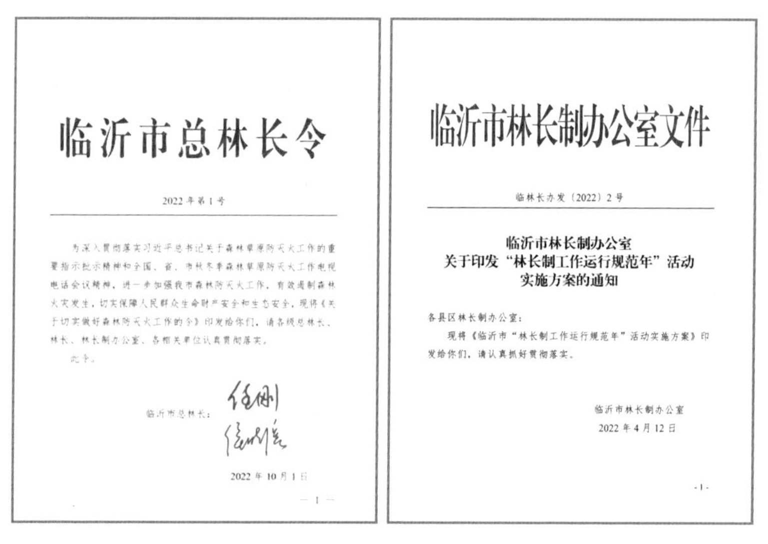

临沂市总林长令

2022年第1号

为深入贯彻落实习近平总书记关于森林草原防灭火工作的重要指示批示精神和全国、省、市秋冬季森林草原防灭火工作电视电话会议精神，进一步加强我市森林防灭火工作，有效遏制森林火灾发生，切实保障人民群众生命财产安全和生态安全，现将《关于切实做好森林防灭火工作的令》印发给你们，请各级总林长、林长、林长制办公室、各相关单位认真贯彻落实。

此令。

临沂市总林长：

2022年10月1日

— 1 —

临沂市林长制办公室文件

临林长办发〔2022〕2号

临沂市林长制办公室
关于印发“林长制工作运行规范年”活动
实施方案的通知

各县区林长制办公室：

现将《临沂市“林长制工作运行规范年”活动实施方案》印发给你们，请认真抓好贯彻落实。

临沂市林长制办公室
2022年4月12日

-1-

※ 临沂市2022年第一号总林长令（临沂市林长办　供图）

※ 印发林长制工作运行规范年活动实施方案的通知（临沂市林长办　供图）

进一步提升林长制工作常态化、制度化、规范化水平，将2022年定为“林长制工作运行”规范年，制定印发《临沂市“林长制工作运行规范年”活动实施方案》。规范年活动聚焦“补短板、强弱项”，重点从责任体系规范化、工作机构规范化、制度落实规范化、考核评价规范化、创新机制规范化、工作运行规范化、档案管理规范化7个方面18项具体内容，对林长制工作全环节、全过程作出了明确要求，予以全面加强和规范，使全市林长制工作基础更加牢固、工作效能全面提升，建立健全科学规范、协调有序、运行高效、落实严格的常态长效机制，巩固深化林长制改革成效。

第二章

探索创新

第一节
率先设立林长制工作机构

2019年临沂市机构改革，临沂市林业局作为市政府组成部门予以保留。抓住林长制改革的契机，2021年临沂市编办批准在市森林湿地保护中心设立正科级的“林长制服务办公室”，核定编制6名，专门负责林长制的组织实施和日常事务，统筹协调各项任务落实。蒙阴、沂水、莒南等重点县也积极争取，在县林业主管部门批设了专职县级林长制工作机构，保障林长制工作常态化推进。

建立适应新形势的森林防灭火应急体系。2020年，市政府成立临沂市森林火灾预防指挥部，2021年，又将正科级市森林和草原防火服务办公室升格为副处级的市森林和草原防火服务中心，核定20名编制，内设4个科室，进一步理顺了森林防火体制，夯实了工作机构保障。

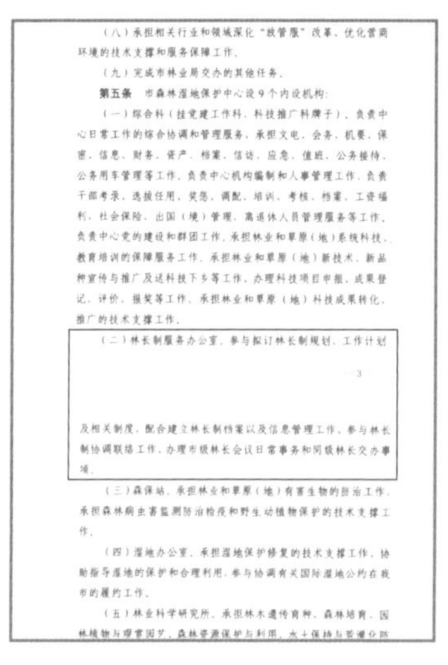

（八）承担相关行业和领域深化“放管服”改革、优化营商环境的技术支撑和服务保障工作。

（九）完成市林业局交办的其他任务。

第五条 市森林湿地保护中心设9个内设机构：

（一）综合科（挂党建工作科、科技推广科牌子）。负责中心日常工作的综合协调和管理服务，承担文电、会务、机要、保密、信息、财务、资产、档案、信访、应急、值班、公务接待、公务用车管理等工作。负责中心机构编制和人事管理工作，负责干部考录、选拔任用、奖惩、调配、培训、考核、档案、工资福利、社会保险、出国（境）管理、离退休人员管理服务等工作。负责中心党的建设和群团工作。承担林业和草原（地）系统科技、教育培训的保障服务工作。承担林业和草原（地）新技术、新品种宣传与推广及送科技下乡等工作。办理科技项目申报、成果登记、评价、报奖等工作。承担林业和草原（地）科技成果转化、推广的技术支撑工作。

（二）林长制服务办公室。参与拟订林长制规划、工作计划

3

及相关制度，配合建立林长制档案以及信息管理工作，参与林长制协调联络工作，办理市级林长会议日常事务和同级林长交办事项。

（三）森保站。承担林业和草原（地）有害生物的防治工作，承担森林病虫害监测防治检疫和野生动植物保护的技术支撑工作。

（四）湿地办公室。承担湿地保护修复的技术支撑工作，协助指导湿地的保护和合理利用，参与协调有关国际湿地公约在我市的履约工作。

（五）林业科学研究所。承担林木遗传育种、森林培育、园林植物与观赏园艺、森林资源保护与利用、水土保持与荒漠化防

※ 印发临沂市森林湿地保护中心机构职能编制规定的通知（临沂市林长办　供图）

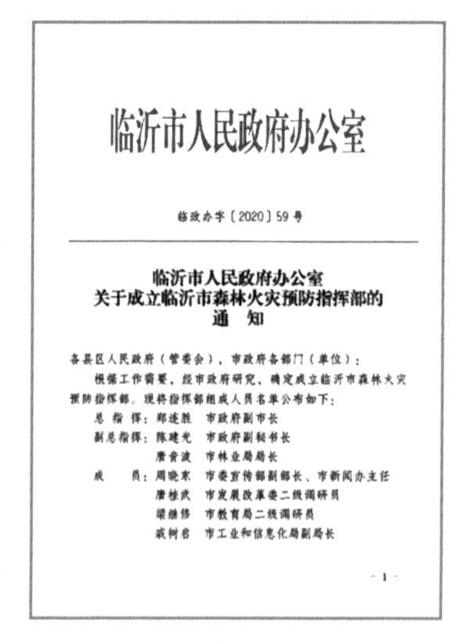

临沂市人民政府办公室

临政办字〔2020〕59号

临沂市人民政府办公室
关于成立临沂市森林火灾预防指挥部的
通　知

各县区人民政府（管委会），市政府各部门（单位）：

根据工作需要，经市政府研究，确定成立临沂市森林火灾预防指挥部。现将指挥部组成人员名单公布如下：

总 指 挥：郑连胜　市政府副市长

副总指挥：陈建光　市政府副秘书长

　　　　　唐贵波　市林业局局长

成　　员：周晓东　市委宣传部副部长、市新闻办主任

　　　　　唐桂武　市发展改革委二级调研员

　　　　　梁继修　市教育局二级调研员

　　　　　戚树启　市工业和信息化局副局长

- 1 -

※ 成立临沂市森林火灾预防指挥部的通知（临沂市林长办　供图）

第二节 构建林长科技创新体系

以市、县、乡、村四级林长为引领，突出“科技创新、要素集聚、产业示范”主题，建立产、学、研、推、企深度融合的技术创新和成果转化体系，加强林业新品种、新技术、新成果、新模式的研发推广应用，积极构建“林长制+科技创新”融合发展体系，全面提升林业科技创新能力，实现林业领域合作向纵深发展。

组建优良乡土树种选育推广、特色经济林树种品种选育推广、特色花卉与观赏树种培育、森林与湿地生态系统质量提升、困难立地生态修复5个林长科技创新团队，现有市、县、乡三级林业科技人员140人，开展林业科

临沂市林长制办公室文件

临林长办发〔2020〕2号

临沂市林长制办公室
关于推进林长科技创新工作的通知

各县区林长制办公室，市林业局机关各科室、市森林湿地保护中心各科室、市林业执法支队：

为深入贯彻落实国家、省、市推行林长制工作的决策部署，充分发挥科技创新在林长制实施中的重要地位和作用，切实推动我市林长制工作向纵深发展，现就有关事项通知如下。

一、成立林长科技创新团队，加强林业科技成果的攻关、集成与推广

坚持把科技创新作为林长制工作的动力源泉，组建“优良乡土

-1-

※ 印发关于推进林长科技创新工作的通知（临沂市林长办　供图）

临沂市林长制办公室文件

临林长办发〔2021〕2号

临沂市林长制办公室
关于印发临沂市林长工作站管理办法（试行）的
通　知

各县区林长制办公室：

为进一步推进林长科技创新创体系建设，引导特色经验做法向制度化、定型化方向发展，市林长制办公室研究制定了《临沂市林长工作站管理办法（试行）》，现印发给你们，请结合实际认真遵照执行。

临沂市林长制办公室
2021年9月3日

— 1 —

※ 印发临沂市林长工作站管理办法的通知（临沂市林长办　供图）

技成果的攻关、集成与推广。在高等院校、科研机构、技术推广和生产领域聘请102名专家组成顾问团队，根据业务专长对接指导创新团队和示范区建设，广泛加强沟通协作，强化智力支撑。团队成立以来，先后实施10余项林业科技研发推广项目，引进推广优良树种品种、先进技术及标准50余个，组织开展送科技下乡活动10余次，举办专业技术人员业务培训8次。

※ 临沂市林长科技创新示范区公示牌（临沂市林长办　供图）

※ 沂水县沂河林场林长工作站（临沂市林长办 供图）

※ 林长科技创新示范区成果展示（沂水县林长办 供图）

按照新建和提升原则，在林长管辖区域内发展培育一批林木品种领先、生产资料高效运用、管理模式切合实际、产业集聚效应明显的示范样板。目前，全市评选创建林长科技创新示范园区57处，创新设立“林长工作站”50处，搭建起林长、专家与基层联系交流服务平台，促进林业科技成果创新转化应用，使其成为林业科技创新、成果展示、科普宣传、人才培训等为一体的示范区，辐射引领现代林业高质量发展。

专家顾问团队

林长科技创新示范区

林长工作站

联系纽带　实施主体　科创平台　示范样板　宣传阵地

林长＋林农　专家＋林农　科研＋生产

任务落实　项目运营　研发创新

承接课题　自主研发　联合攻关

模式示范　成果示范　管理示范

政策精神　发展理念　转化路径

※ 临沂市林长科技创新体系架构（临沂市林长办　供图）

第三节
率先推行“民间林长”

推行林长制，不仅要靠各级党委、政府推动，更要靠全社会积极参与。全市进一步建立完善社会各界参与监督森林资源保护发展工作机制，在全省率先探索将林业企业负责人、乡土专家、热心人士、志愿者等聘请为“民间林长”，以公益或自愿形式参与林长制工作的管理和服务，充分发挥林长制社会协同治理作用，营造了全社会关心、爱护绿水青山的浓厚氛围。

临沂市林长制办公室

临沂市林长制办公室
关于做好“民间林长”选聘管理工作的通知

各县区林长制办公室：

为总结推广沂水、蒙阴等“民间林长”特色有效做法，进一步完善林长制社会监督体系，建立健全社会各界参与监督森林资源保护发展工作机制，现就做好“民间林长”选聘管理工作通知如下：

一、“民间林长”职责

“民间林长”作为社会各界(人大代表、政协委员、社会团体、企业单位、志愿者、热心人士等)代表，公益、自愿参与林长制工作的管理，主要履行管理的查、评、议、宣等职责。

1.积极宣传生态文明理念、林业法律法规及林长制工作决策部署等，提高群众森林湿地等自然资源保护意识，引导带动周围群众积极参与治理、管护相关活动。

2.协助各级政府和林业部门开展造林绿化、营林管护、森林防火、林业有害生物防控、古树名木保护等工作，积极监督乱砍滥伐林木、乱占滥用林地、乱捕滥猎野生动物、乱挖滥采野生植物等违法违规行为。

3.加强日常巡林巡查，及时发现森林资源保护发展中存在的问题，并向各级林长和林长办反映报告，提醒督促林长或责任主

※ 关于做好“民间林长”选聘管理工作的通知（临沂市林长办　供图）

临沂市林长制办公室文件

临林长办发〔2021〕4号

临沂市林长制办公室
关于印发临沂市“民间林长”管理办法（试行）
的通知

各县区林长制办公室：

为进一步规范完善“民间林长”选聘管理和监督评价等工作，引导特色经验做法向制度化、定型化方向发展，市林长制办公室研究制定了《临沂市“民间林长”管理办法（试行）》，现印发给你们，请结合实际认真遵照执行。

临沂市林长制办公室
2021年10月12日

— 1 —

※ 印发临沂市“民间林长”管理办法的通知（临沂市林长办　供图）

不断规范完善“民间林长”工作机制，在总结基层实践经验基础上，2021年，市林长制办公室研究制定了《临沂市“民间林长”管理办法（试

行）》，进一步明确了“民间林长”的工作职责、基本条件、选聘管理、评价奖励等要求，引导特色经验做法向制度化、定型化方向发展。目前，全市已选聘营造林、资源管护、科技服务、产业经营4个类型的“民间林长”450余名，人员包括人大代表、政协委员、专家学者、企业职工、志愿者、热心人士等。

聘书

兹聘王言文为

民间林长

聘期自2019年12月至2022年12月
蒙阴县林长制办公室

※ 蒙阴县民间林长聘任书（蒙阴县林长办　供图）

※ 临沭县民间林长植树活动（临沭县林长办　供图）

蒙阴县将造林工程项目企业负责人任命为民间林长，保障落实造林项目高质量实施。同时，还充分考虑当地实际情况，选聘退休离职老干部和苗木种植能手等为民间林长，积极参与到植树造林、湿地保护、林木病虫害防控等工作中。沂水县将林业专业合作社负责人、民间乡土专家等聘为民间林长，依托林长科技创新示范区、林长工作站等平台，发挥企业联系基地、专家和林农的纽带作用，提升科研服务生产的示范带动能力。沂南县通过延伸个人志愿服务队伍功能，将其发展成为“民间林长”队伍，为其配备了风力灭火机、肩背式灭火器、灭火拖把等设备，使其参与护林防火等巡逻工作。河东区组建以院士、教授、专业人才为主的科技林长队伍，帮扶带动企业和农户进行科技创新、新品种培育、新产品研发、新设备应用。费县成立由11名专业技术员组成的特色经济林创新科技林长服务团队，划分服务区域，每月至少进点一次现场指导果农林果管理技术。

※ 沂南县湖头镇民间林长志愿服务队授牌（沂南县林长办 供图）

※ 费县科技林长服务团队送科技下乡活动（费县林长办 供图）

第四节
创新实施森林生态效益横向补偿机制

2019年12月，在全省率先出台《临沂市森林生态效益补偿暂行办法》，以提升全市森林覆盖率为目标，将森林覆盖率、年度造林面积作为考核指标，突出森林覆盖率的基础补偿和森林覆盖率增幅、年度造林面积位次的激励补偿，开展森林生态效益横向补偿，强化各级政府保护发展森林资源责任，建立健全支持林业生态建设常态化、稳定化投入保障机制。2021年9月，修订后的《临沂市森林生态效益补偿办法》经财政、发改和林业等部门联合印发实施，并适当扩大了资金使用范围，更好地服务全市林业生态建设。2021年11月，“临沂市实施森林生态效益横向补偿，促进生态产品价值实现”案例入选省自然资源厅2021年度自然资源领域生态产品

临沂市人民政府办公室

临政办字〔2019〕140号

临沂市人民政府办公室
关于印发建立健全生态文明建设财政奖补
机制实施方案的通知

各县区人民政府，市政府各部门、各直属机构，临沂高新技术产业开发区管委会，临沂经济技术开发区管委会，临沂临港经济开发区管委会，临沂商城管委会，临沂蒙山旅游度假区管委会，临沂综合保税区管委会，各县级事业单位，各高等院校：

《建立健全生态文明建设财政奖补机制实施方案》已经市委深改委第六次会议、市政府第56次常务会议研究通过，现印

-1-

※ 印发建立健全生态文明建设财政奖补机制实施方案（临沂市林长办　供图）

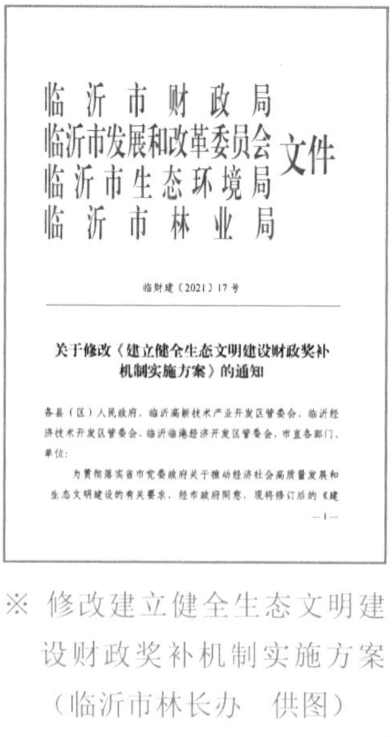

临　沂　市　财　政　局
临沂市发展和改革委员会
临　沂　市　生　态　环　境　局
临　沂　市　林　业　局
文件

临财建〔2021〕17号

关于修改《建立健全生态文明建设财政奖补
机制实施方案》的通知

各县（区）人民政府，临沂高新技术产业开发区管委会，临沂经济技术开发区管委会、临沂临港经济开发区管委会，市直各部门、单位：

为贯彻落实省市党委政府关于推动经济社会高质量发展和生态文明建设的有关要求，经市政府同意，现将修订后的《建

—1—

※ 修改建立健全生态文明建设财政奖补机制实施方案（临沂市林长办　供图）

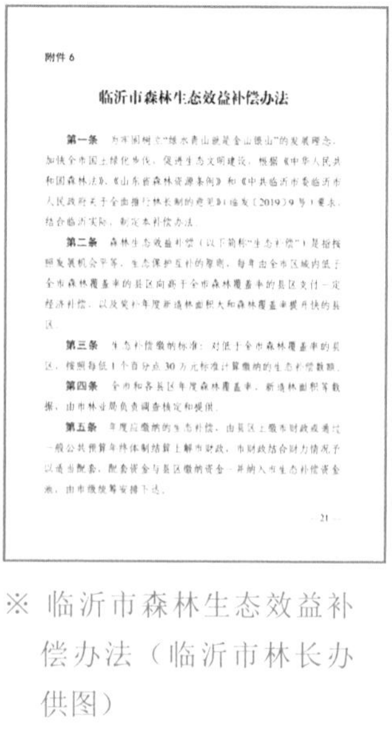

附件6

临沂市森林生态效益补偿办法

第一条　为牢固树立“绿水青山就是金山银山”的发展理念，加快全市国土绿化步伐，促进生态文明建设，根据《中华人民共和国森林法》、《山东省森林资源条例》和《中共临沂市委临沂市人民政府关于全面推行林长制的意见》（临发〔2019〕9号）要求，结合临沂实际，制定本补偿办法。

第二条　森林生态效益补偿（以下简称“生态补偿”）是指按照发展机会平等、生态保护互补的原则，每年由全市区域内低于全市森林覆盖率的县区向高于全市森林覆盖率的县区支付一定经济补偿，以及奖补年度新造林面积大和森林覆盖率提升快的县区。

第三条　生态补偿缴纳标准：对低于全市森林覆盖率的县区，按照每低1个百分点30万元标准计算缴纳的生态补偿数额。

第四条　全市和各县区年度森林覆盖率、新造林面积等数据，由市林业局负责调查核定和提供。

第五条　年度应缴纳的生态补偿，由县区上缴市财政或通过一般公共预算年终体制结算上解市财政，市财政结合财力情况予以适当配套，配套资金与县区缴纳资金一并纳入市生态补偿资金池，由市级统筹安排下达。

— 21 —

※ 临沂市森林生态效益补偿办法（临沂市林长办　供图）

价值实现典型案例。

一是坚持生态保护互补，设立市级生态补偿资金池。生态补偿资金数额为县（区）缴纳的生态补偿资金和市级财政配套资金（修改后的办法从2022年起，将省级下达的森林蓄积量补偿、新造林补偿资金一并纳入），每年统筹下达县（区）。低于全市森林覆盖率的县（区），按照每低1个百分点30万元的标准计算缴纳生态补偿数额，市财政予以适当配套。2019—2021年市财政先后下达森林生态效益补偿资金14175万元，其中县（区）缴纳9675万元，市级财政配套4500万元。2020年，市财政还专门设立市级林长项目奖补资金，主要用于市级林长责任区域年度任务实施，三年间累计奖补县（区）1386万元。

二是坚持稳定存量、正向激励，设立基础补偿。对高于全市森林覆盖率的县（区）给予基础补偿，每高1个百分点补偿20万元，以肯定其保护森林资源、维护生态安全的历史贡献。基础补偿占市级资金池的20%～25%，受益的主要是蒙阴、沂水、费县、平邑等森林资源丰富、生态区位重要的山区县。其中累计获得补偿资金最高的是蒙阴县（1869万元），其次为沂水县（645万元）。

三是坚持突出增量、奖惩结合，设立激励补偿。对年度森林覆盖率增幅、

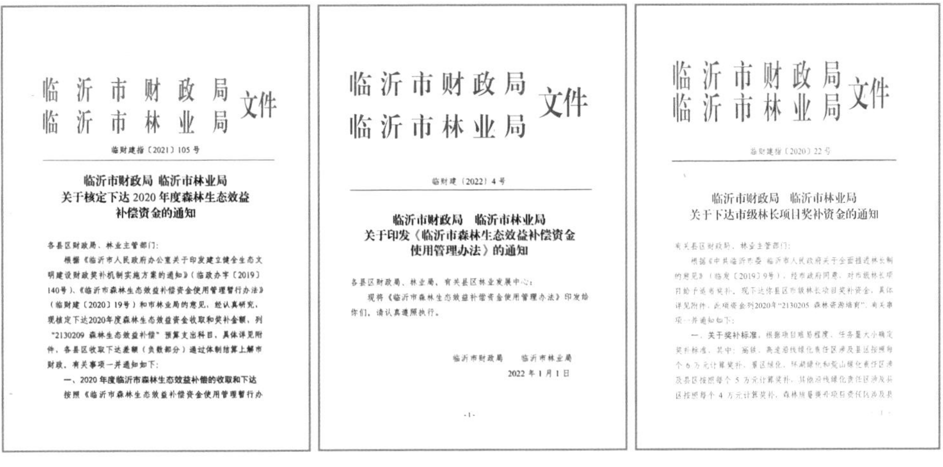

临沂市财政局
临沂市林业局 文件

临财建指〔2021〕105号

临沂市财政局 临沂市林业局
关于核定下达2020年度森林生态效益
补偿资金的通知

各县区财政局、林业主管部门：

根据《临沂市人民政府办公室关于印发建立健全生态文明建设财政奖补机制实施方案的通知》（临政办字〔2019〕140号）、《临沂市森林生态效益补偿资金使用管理暂行办法》（临财建〔2020〕19号）和市林业局的意见，经认真研究，现核定下达2020年度森林生态效益资金收取和奖补金额，列“2130209 森林生态效益补偿”预算支出科目，具体详见附件，各县区收取下达差额（负数部分）通过体制结算上解市财政，有关事项一并通知如下：

一、2020年度临沂市森林生态效益补偿的收取和下达

按照《临沂市森林生态效益补偿资金使用管理暂行办

临沂市财政局
临沂市林业局 文件

临财建〔2022〕4号

临沂市财政局　临沂市林业局
关于印发《临沂市森林生态效益补偿资金
使用管理办法》的通知

各县区财政局、林业局、有关县区林业发展中心：

现将《临沂市森林生态效益补偿资金使用管理办法》印发给你们，请认真遵照执行。

临沂市财政局　临沂市林业局

2022年1月1日

-1-

临沂市财政局
临沂市林业局 文件

临财建指〔2020〕22号

临沂市财政局　临沂市林业局
关于下达市级林长项目奖补资金的通知

有关县区财政局、林业主管部门：

根据《中共临沂市委 临沂市人民政府关于全面推进林长制的意见》（临发〔2019〕9号），经市政府同意，对市级林长项目给予适当奖补，现下达你县区市级林长项目奖补资金，具体详见附件，此项资金列2020年“2130205 森林资源培育”，有关事项一并通知如下：

一、关于奖补标准。根据项目难易程度、任务量大小确定奖补标准，其中：高铁、高速沿线绿化责任区涉及县区按照每个6万元计算奖补，景区绿化、环湖绿化和荒山绿化责任区涉及县区按照每个5万元计算奖补，其他沿线绿化责任区涉及县区按照每个4万元计算奖补，森林质量提升项目责任区涉及县

-1-

※ 下达森林生态效益补偿资金的通知（临沂市林长办 供图）

※ 印发临沂市森林生态效益补偿资金使用管理办（临沂市林长办　供图）

※ 关于下达市级林长项目奖补资金的通知（临沂市林长办 供图）

新造林面积前八名的县（区）进行激励补偿，数额为市级生态补偿资金池扣除基础补偿的剩余部分，森林覆盖率增幅和新造林面积各占一半。新造林面积数据来源于委托第三方开展的年度市级造林实绩检查数据，森林覆盖率增幅为当年森林覆盖率与上一年森林覆盖率之差。激励补偿几乎涵盖所有县（区），体现奖励增量，激发各县（区）开展造林绿化和加强资源管护的积极性。

四是坚持专款专用、项目管理，规范资金使用。各县（区）获得的补偿资金统筹用于廊道绿化、荒山绿化、农田林网、乡村绿化等林业重点工程造林和抚育，以及森林草原防火、林业有害生物防控等工作，不得整合用于其他项目。2022年1月，市财政局与市林业局印发《临沂市森林生态效益补偿资金使用管理办法》，明确各县（区）围绕林业生态修复保护工程、森林生态廊道样板工程、坡耕地退耕还林工程、林长科技创新示范区建设工程、森林质量提升工程和乡村绿化美化等方面组织编制项目，要求收到补偿资金30日内，由县（区）林业主管部门研究确定年度林业重点工程项目计划，编制资金使用和项目实施方案、绩效目标，会同财政部门报市林业局评审后，报市财政局备案并组织实施。

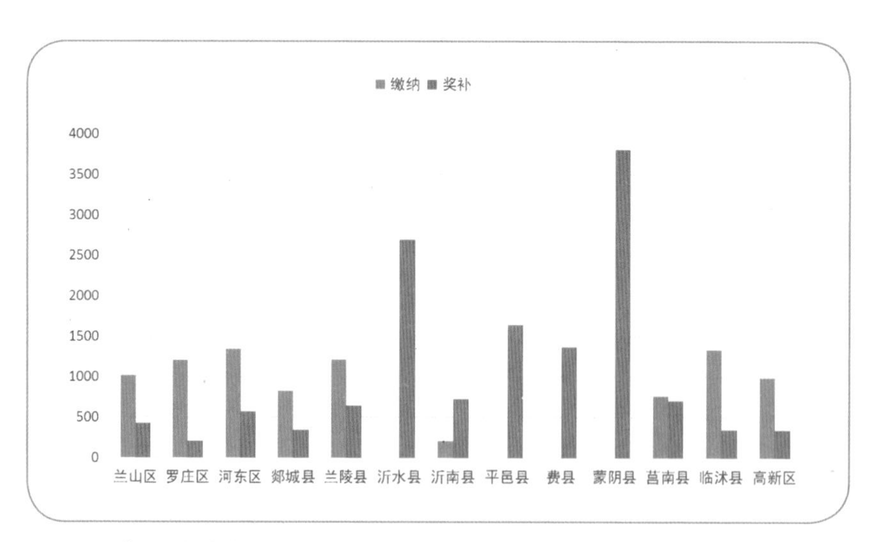

※ 2019—2021年度临沂市各县（区）森林生态效益补偿资金
（临沂市林长办　供图）

第五节
率先建立“林长+检察长”工作机制

2021年9月，临沂市人民检察院、临沂市林长制办公室联合印发《关于建立“林长+检察长”工作机制的意见》，充分发挥检察机关法律监督职能和林长制工作机构统筹协调作用，明确建立“信息共享机制、办案协作机制、联动执法机制、工作会商机制、联络培训机制”5项工作机制，切实增强检察机关、林长制工作机构及相关部门单位协同推进保护和发展森林资源的工作合力，加大全市森林资源保护力度。

临沂市人民检察院
临沂市林长制办公室
文件

临林长办〔2021〕3号

临沂市人民检察院　临沂市林长制办公室
关于建立“林长+检察长”工作机制的意见

各县区人民检察院、林长制办公室，市级林长会议成员单位：

为深入贯彻中共中央办公厅、国务院办公厅《关于全面推行林长制的意见》，认真落实省、市关于深化林长制改革部署要求，增强检察机关、林长制工作机构及相关部门单位协同推进保护发展森林资源工作合力，现就建立“林长+检察长”工作机制提出如下意见。

一、总体要求

坚持以习近平生态文明思想为指导，深入践行绿水青山就是金山银山理念，统筹山水林田湖草沙系统治理，围绕推深做实林

-1-

※ 关于建立“林长+检察长”工作机制的意见（临沂市林长办　供图）

自建立“林长+检察长”工作机制以来，市、县级林长制工作机构和检察机关协调联动，以联合调研磋商、巡林巡查以及诉前检察建议等方式，督促各级林长和相关部门依法履职，积极运用法治思维与法治方法解决林业生态领域突出问题，在依法管林治林上凝聚起良好的工作合力。将市、县检察机关主要负责人纳入市、县级林长体系，定期召开工作联席会议，及时通报信息情况、研究具体工作，定期开展联合调研磋商，共同参与巡林巡查，联合开展执法办案协作、法治宣传

教育等活动；并把协作机制作为持续深化林长制的重要内容，纳入全市林长制工作绩效评价指标，做到工作机制的常态化、规范化实施。2021年以来，全市检察机关检察长开展巡林活动14次；在市级层面召开工作联席会议1次，联合调研活动2次，生态法治宣教活动2次；各县（区）召开工作联席会议、座谈交流会议等16次，联合开展巡林巡查、法治宣讲等活动50余次；市、县检察机关聘任林业方面“特邀检察官助理”8人，参与协助涉林案件办理工作。

率先以古树名木资源保护为切入点、突破口，临沂市检察院在全市开展了古树名木保护公益诉讼专项监督活动，联合当地林业主管部门通过深入实地走访调研，对古树名木保护情况进行详细摸排，发现一些古树名木存在未划定保护范围、未设置保护标志、未建设必要保护设施及缺乏必要养护等情况。各地根据现场调查发现的问题，先后发出检察建议67份，提出具有针对性和可操

※ 省林长办和省检察院来临沂调研“林长+检察长”工作（临沂市林长办　供图）

※ 临沂市“林长+检察长”工作联席会议召开（临沂市林长办　供图）

※ 临沂市政府召开“林长+检察长”工作机制专题新闻发布会（临沂市林长办　供图）

作性的具体保护措施 30多条，督促设立责任牌等保护设施260余处，确保“一树一木”得到切实保护。郯城县林业部门和检察机关联合出台《关于加强古树名木保护协作机制的意见》，组成联合调研组对全县古树名木生长、保护现状情况开展普查巡查，并组织省、市林业专家召开“古树名木保护论证会”进行“问诊把脉、开出药方”，拿出“一树一策”保护措施办法。在协作机制的保障下，郯城县46棵古树名木和11个古树群落均得到有效提升保护。临沭县林长办联合检察院组成巡山组，邀请人大代表、政协委员及民间林长等社会各界人士参与，共同到林区开展巡山巡林活动，实地查看古树名木生长情况，督导“一树一档、一树一证”落实情况，把“林长+检察长”工作机制落到实处。沂南县检察院会同县林长办及有关部门单位召开古树名木保护公益诉讼示范基地研讨会，就马牧池乡沂蒙精神红色教育基地区域内古树群落保护开发进行调研探讨，积极探索“古树资源+红色旅游+法治教育”新途径，推进当地绿色生态和红色文旅融合协调发展。河东区检察院在区林长办设立“林长+检察长”检察工作联络室，明确专人负责日常工作联络，参与林长制日常相关工作，聘请区林业中心专家为“特邀检察官助理”，建立3处“林长+检察长” 公益诉讼示范点，探索工作协作机制的规范化、常态化落实。

※ 检察机关开展古树名木保护专项监督巡查调研（临沂市林长办　供图）

※ 河东区检察院驻河东区林长办检察工作联络室（河东区林长办　供图）

※"林长+检察长"公益诉讼示范基地（临沂市林长办　供图）

第六节 率先将野生动植物保护联动协作机制纳入林长制

为贯彻落实野生动植物保护相关法律法规和上级有关部门工作要求，建立临沂市野生动植物保护联席会议制度，将野生动植物保护纳入林长制工作体系和责任体系，列入市、县级林长责任清单任务，纳入林长制绩效评价体系，强化考评结果运用，倒逼各项工作落实到位，促进了临沂市野生动植物资源保护管理。

临沂市林长制办公室文件

临林长办发〔2021〕5号

临沂市林长制办公室
关于建立临沂市野生动植物保护
联席会议制度的通知

各县区林长制办公室、市直有关部门单位：

为全面贯彻落实野生动植物保护相关法律法规和上级有关部门工作要求，经研究决定，建立临沂市野生动植物保护联席会议制度，并纳入林长制工作体系和责任体系，进一步加强组织领导，明确工作职责，强化部门协作，形成工作合力，切实抓好我市野生动植物资源保护管理各项工作。现将临沂市野生动植物保护联席会议工作规则和联席会议成员、联络员名单予以公布。

-1-

※关于建立临沂市野生动植物保护联席会议制度的通知（临沂市林长办 供图）

2021年8月，市政府发布《关于设立陆生野生动物禁猎区和禁猎期的通告》，明确临沂市行政区域为禁猎区，全年为禁猎期。市、县林业部门对野生动物人工繁育养殖及展演场所定期开展督导检查，严格落实防范疫源疫病、防止野生动物逃逸、防止动物伤人等管控和安全工作责任。依托四级林长制网格化管理体系，加大对自然保护地候鸟等重点分布区域和其他野生动物栖息地、集中分布区野外巡查巡护。定期与公安、市场监管、农业农村等有关部门开展联合排查和检查，认真组织开展“清风行动”“网剑行动”“花鸟虫鱼市场专项清理打击行动”等专项行动，严厉打击非法猎捕、交易野生动植物、破坏野生动物生存环境、违规广告等违法犯罪行为。同时，充分利用“世界湿地日”“世界野生动植物日”“爱鸟周”等时间节点，广泛开展形式多样的科普宣传活动，增强市民野生动植物保护意识。

※ 临沂市野生动植物保护联席会议召开（临沂市林长办　供图）

※ 临沂市林业局对野生动物人工繁育养殖场所开展督导检查（临沂市林长办　供图）

※ 多部门联合对花鸟虫鱼市场开展专项清理打击行动（临沂市林长办　供图）

※ 临沂动植物园“爱鸟周”宣传活动（临沂市林长办　供图）

※ 浔河湿地栖息的野生鸟类（孙运亮　摄）

第七节 探索林业执法巡查新机制

针对机构改革后的执法工作新形势，积极探索林业执法办案新思路，由县综合行政执法部门派驻县自然资源（林业）部门，通过统筹一支队伍、整合执法力量，形成了由县自然资源部门统一行使土地、林业等五大领域行政执法权，全域全程监管、分层分级负责、巡查查处融合的自然资源执法巡查新机制。目前，各县（区）林业主管部门均有综合执法部门派驻的林业执法力量，形成林业、综合执法、公安等多部门执法协调联动，逐步理顺了林业行政执法体系，做到发现一起、查处一起、结案一起，并实现案件查处率100%。

※ 临沭县自然资源执法巡查大队（临沭县林长办　供图）

※ 临沂市林业执法支队查处违法案件现场（临沂市林长办 供图）

蒙山区域是全省四大重点生态功能区之一，2019年纳入了时任省委副书记、省级副总林长杨东奇的责任区域。为不断提升蒙山区域森林资源管护能力和治理水平，2020年以来，蒙山区域实行“警林联动”“一场一警”护航林长制。临沂市公安局蒙山分局立足辖区内的4个国有林场，探索实行“一场一警”驻场警务工作站新模式，统筹公安、林场和消防力量协同共治，为林长制提供坚强执法保障。由蒙山分局合成化巡防联控专班牵头，在辖区内的万寿宫、大洼、明光寺、天麻四大国有林场设立4个驻林场警务工作站，派驻专门警力，实行定点守护，同时联合98名护林员、200余名森林消防队员开展动态巡逻。

※ 万寿宫林场警务工作站（临沂市林长办 供图）

※ 万寿宫林场警务工作站宣传栏（临沂市林长办 供图）

第八节 探索建立森林生态产品价值实现新机制

临沂有山有水有灵气，青山绿水是临沂最大的资源和资产。近年来，依托林长制改革，立足全市生态资源特色优势，各级各有关部门解放思想、大胆创新、各司其职、协同推进，临沂市生态环境、发改、林业等部门联合制定出台了《生态产品价值评估与核算办法（暂行）》，在全省率先探索森林等生态资源交易平台、生态产品价值核算、林业碳汇开发交易

※ 费县“两山银行”服务中心（费县林长办　供图）

等“两山”转化新通道，实现“存入”绿水青山，“取出”金山银山，形成具有沂蒙特色的生态产品价值实现新机制、新路径。“山东省临沂市探索两山银行机制”入选国家林草局林业改革发展典型案例，“蒙阴县积极开展生态产品价值核算走出生态价值实现新路径”等4个典型案例入选山东省自然资源厅2021年度自然资源领域生态产品价值实现典型案例，为全省提供可复制、可推广的“临沂实践”。

探索森林等生态资源交易平台。2021年6月，山东省首家“两山银行”在费县成立运营，首批共有8家单位获得生态贷支持，全部为林果种植专业合作社或涉林企业，采用流苏树、核桃林等生态资源抵押的方式共获得信贷支持750万元，主要用于发展特色林业产业、民俗体验、休闲康养项目，助力村集体和林

※ 蒙阴县GEP核算成果发布和绿色银行揭牌仪式（蒙阴县林长办　供图）

※ 蒙阴县县级生态资源大数据平台（蒙阴县林长办　供图）

※ 蒙阴县生态产品价值核算整村授信首发仪式（蒙阴县林长办　供图）

农增收。2021年9月，蒙阴县制定出台《蒙阴县“绿色银行”试点实施方案》，打造县级“绿色银行”1处、镇级“绿色银行”9处，创新“县级绿色银行统筹项目规划、乡镇绿色银行着力项目落地”运营联动机制，吸纳6个多元社会主体参与建设项目，探索了“助栗贷”“楸树贷”等模式，构建起县域生态产品交易体系。

探索生态产品价值核算机制。蒙阴县在全国率先建立了县级生态资源大数据平台，制定出台《生态系统生产总值（GEP）核算工作方案》，成立生态产品价值核算工作专班，选取桃墟镇、垛庄镇、旧寨乡3个乡镇中的5个村庄先行开展生态产品价值核算试点。2021年9月，蒙阴县发布了山东省首份村级GEP核算报告，经过中国环境科学研究院初步核算，安康村生态产品总价值9947.91万元，单位面积生态产品价值为24.26万元/公顷；百泉峪村生态产品总价值7270.56万元，单位面积生态产品价值为29.67万元/公顷。2022年3月，山东省首笔生态产品价值核算整村授信落地蒙阴，蒙阴农商银行依托GEP核算报告成果，给予百泉峪村3个贷款主体4300万元授信额度，其中整村授信额度2000万元。

积极探索实施林业碳汇交易。为助力国家“双碳”战略目标任务，2021年11月，临沂市林业局与临沂农发集团签订“林业碳汇开发战略合作协议”，合作推进全市林业碳汇开发工作，标志着临沂市林业碳汇开发工作迈出了突破性的第一步。蒙阴县作为森林生态资源大县，本着“先行先试、探索突破”的原

※ 临沂市林业局、临沂农发集团林业碳汇开发战略合作协议签订仪式（临沂市林长办　供图）

※ 山东省首单民间林长森林碳汇价值保险签单仪式（蒙阴县林长办　供图）

则，2020年5月，在全省首个签订碳汇资源开发项目合同；2022年1月，落地了山东省首笔森林碳汇预期收益权质押贷款，利用2.9万多亩国有林场的林业碳汇20年预期收益权，通过质押为企业发放贷款 7000 万元；2022年5月，山东省首单民间林长森林碳汇价值保险签单仪式在蒙阴县举行，为3000亩集体林地提供150万元的风险保障。

第九节
信息化助力林长制智慧升级

为借助信息化手段强化林长体系科学高效管理，实现林长制改革的“智慧升级”，2020年开发启用了全省首个林长制信息化平台——“临沂市林长制信息化管理平台”。该平台集林长制业务类、平台支撑类、政务类和公共服务应用类等功能于一体，共包含平台管理系统、信息管理系统、工作任务管理系统、林长一张图系统、数据分析系统、资产管理系统、林长制应用程序（APP）七大系统模块。

※ 临沂市林长制信息化管理平台登录界面（临沂市林长办　供图）

※ 临沂市林长制信息化管理平台工作界面（临沂市林长办供图）

临沂市林长制信息化管理平台充分运用“互联网+”、大数据等现代信息技术手段，依托林长制网格化责任体系，基于全林域、全要素的森林生态管理方式，按行政区划将全市各县（区）林地资源信息、林长组织体系、任务目标达成等纳入信息化监管范畴，可实现对全市林业工作的日常监管及林长任务进度监督；平台同时采用数据共享、部门协同、多级联动等机制，对全市林长制工作进行统筹管理，初步实现对林长制工作的信息化监管和智慧化服务。

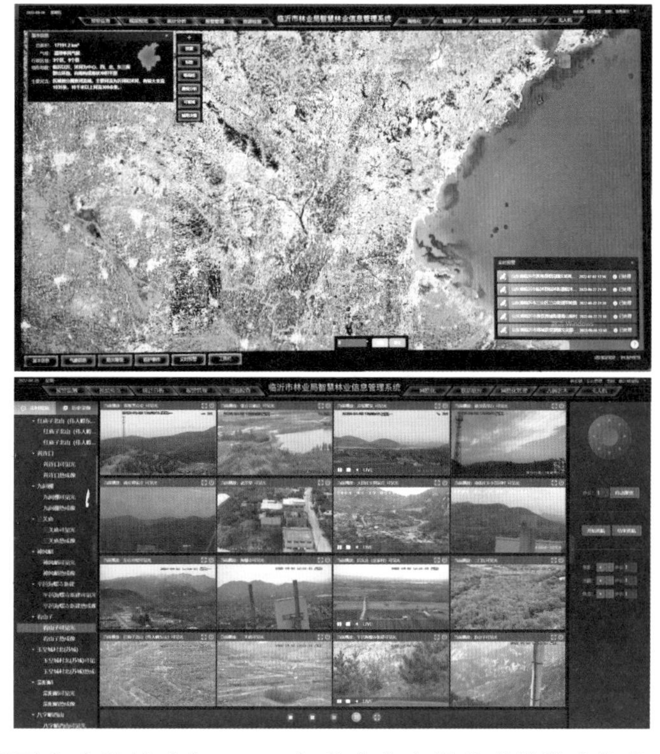

※ 临沂市林业局智慧林业信息管理系统预警监测界面（临沂市林长办 供图）

※ 临沂市林业局智慧林业信息管理系统视频监控界面（临沂市林长办 供图）

在林长制信息化管理平台建设基础上，2021年重点突出提升森林防火信息化，启动开发建设“全市森林防火网格化监测系统”。该系统依托三级网格化管理体系，汇聚各种森林防火资源，建立森林防火资源数据库，并结合现有视频监控预警系统，形成全市“森林防火一张图”，实现网格管理精细化、资源信息可视化、督导检查便捷化。下一步，将重点做好与林长制信息化管理平台融合，继续充实古树名木监管、有害生物监测、森林生态观测等应用系统资源，拓展打造“智慧林业信息系统”，不断提升森林资源保护信息化、智慧化管理水平。

第三章

改革成效

2019年以来，临沂市深入贯彻习近平生态文明思想，认真践行“绿水青山就是金山银山”的理念，率先在全省全面推行林长制，以守护好、发展好沂蒙绿水青山为目标，以压实各级党委、各级政府领导干部责任为核心，建立起覆盖全域的市、县、乡、村四级林长制体系。

四年来，全市以林长制为统领，坚持绿色发展、生态惠民，坚持创新引领、政策驱动，着力破解发展瓶颈，用力增强发展动力，聚力激发发展活力，构建起“党政同责、部门联动、网格管理、社会参与”的大林业格局，提升了林业治理体系和治理能力现代化水平，谱写了沂蒙革命老区林业高质量发展的新篇章。

目前，全市有林地面积达到593.3万亩，森林覆盖率23.49%，森林蓄积量1600万立方米，实现林业产业总产值1500亿元。如今的沂蒙大地，处处树木葱茏、绿意盎然、产业兴旺、景色宜人，生态优势更加凸显，生态底色更加靓丽，充分展示出林长制改革的成效。

※ 山水沂蒙（时晓华 摄）

第一节 管林治林合力加速凝聚

全市坚决扛牢林长制改革政治责任，拧紧责任链条，层层传导压力，实现了由林业部门单打独斗向党政齐抓共管、部门协同参与的转变。

时任山东省委副书记、蒙山区域省级林长杨东奇积极履责、率先垂范，先后3次到临沂实地调研指导林长制落实和蒙山生态保护工作。历任临沂市委、市政府主要领导接力奋进、亲力推动，连续3年把林长制列为全市

※ 时任山东省委副书记、蒙山区域省级林长杨东奇到临沂巡林调研（临沂市林长办　供图）

※ 山东省自然资源厅厅长、省林长办主任宇向东到沂南县调研林长制工作（临沂市林长办　供图）

重大改革事项，先后作出12次批示。每年召开市级总林长会议，及时解决重大问题。30名市级领导全员参与担任市级林长，县、乡、村也逐级落实相应划片分区网格责任，形成属地负责、党政同责、全域覆盖、源头治理的责任体系，合力耕好森林资源保护发展“责任田”。

※ 临沂市委书记、市级总林长任刚参加义务植树活动（临沂市林长办　供图）

※ 山东省自然资源厅党组成员、副厅长马福义到临沂调研林长制工作（临沂市林长办　供图）

※ 临沂市副市长、市级副总林长张秀丽到兰陵县责任区巡林调研（临沂市林长办　供图）

2019—2020年，把全市21处荒山、19条骨干道路进行绿化分工，每名市级林长带1个市直单位啃“硬骨头”。在林长制责任推动下，四级林长和成员单位主动履责、带头攻坚，协调资金投入，完善基础设施，切实推动育林护林任务落实。两年完成荒山绿化责任区造林1.2万亩、廊道绿化责任区造林2.4万亩，让多年“造林不见林”的荒山披上绿装。

※ 蒙阴县蒙阴街道市级林长荒山绿化责任区（临沂市林长办　供图）

※ 平邑县平邑街道市级林长荒山绿化责任区（临沂市林长办　供图）

※ 沂南县岸堤镇市级林长荒山绿化责任区（沂南县林长办 供图）

明确27个市直部门单位为林长制成员单位，强化部门协作配合，通过建立“林长+检察长”工作机制、野生动植物保护联席会议制度等，进一步凝聚资源保护管理工作合力。与相关部门单位从生态效益补偿、湿地保护管理、蒙山生态保护、生态产品价值实现、特色林业产业、乡村公益岗等多方面联合出台意见办法，做到政策集成、资源整合，打出了强有力的强林惠林政策“组合拳”。

临沂市人民政府令

第31号

《临沂市湿地保护办法》已经2020年11月30日市政府第84次常务会议通过，现予公布，自2021年5月1日起施行。

市长 孟庆斌

2020年12月22日

※ 《临沂市湿地保护办法》公布施行（临沂市林长办 供图）

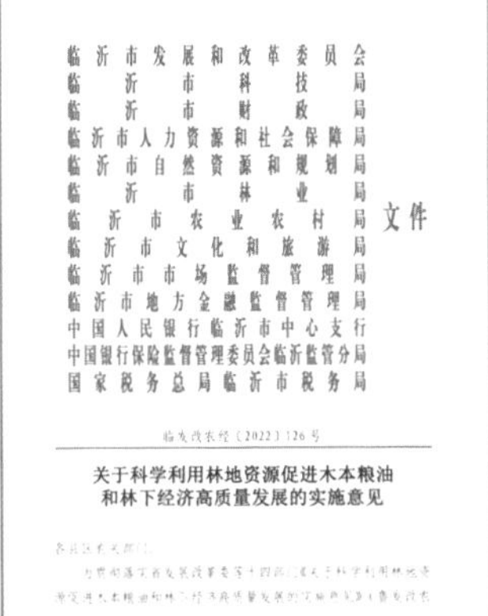

临沂市发展和改革委员会
临沂市科技局
临沂市财政局
临沂市人力资源和社会保障局
临沂市自然资源和规划局
临沂市林业局
临沂市农业农村局
临沂市文化和旅游局
临沂市市场监督管理局
临沂市地方金融监督管理局
中国人民银行临沂市中心支行
中国银行保险监督管理委员会临沂监管分局
国家税务总局临沂市税务局
文件

临发改农经〔2022〕126号

关于科学利用林地资源促进木本粮油和林下经济高质量发展的实施意见

※ 临沂市13个部门联合印发关于科学利用林地资源促进木本粮油和林下经济高质量发展的实施意见（临沂市林长办 供图）

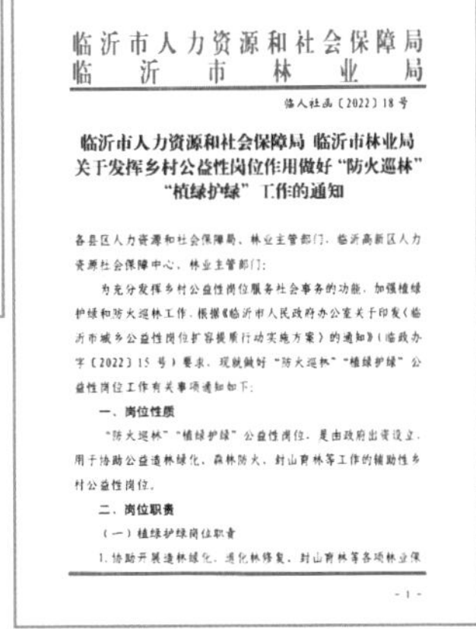

临沂市人力资源和社会保障局
临沂市林业局

临人社函〔2022〕18号

临沂市人力资源和社会保障局 临沂市林业局关于发挥乡村公益性岗位作用做好“防火巡林”“植绿护绿”工作的通知

各县区人力资源和社会保障局、林业主管部门，临沂高新区人力资源社会保障中心、林业主管部门：

为充分发挥乡村公益性岗位服务社会事务的功能，加强植绿护绿和防火巡林工作，根据《临沂市人民政府办公室关于印发〈临沂市城乡公益性岗位扩容提质行动实施方案〉的通知》（临政办字〔2022〕15号）要求，现就做好“防火巡林”“植绿护绿”公益性岗位工作有关事项通知如下：

一、岗位性质

“防火巡林”“植绿护绿”公益性岗位，是由政府出资设立，用于协助公益造林绿化、森林防火、封山育林等工作的辅助性乡村公益性岗位。

二、岗位职责

（一）植绿护绿岗位职责

1.协助开展造林绿化、退化林修复、封山育林等各项林业保

- 1 -

※ 临沂市人社局、林业局联合印发关于发挥乡村公益性岗位作用做好“防火巡林”“植绿护绿”工作的通知（临沂市林长办 供图）

第二节

增绿提质步伐不断加快

针对全市总体绿量不足、森林质量不高、造林空间受限等生态建设短板，全市以林长制为抓手，先后组织实施“绿满沂蒙行动”“城乡绿化擂台赛”，坚持挖掘增量和提升存量并重，突出四大区域，拓展绿化空间，三年来累计完成造林27万多亩，近两年新造林任务全部实现落地上图。

一是宜林荒山绿化。以高铁、高速公路、国道和省道可视范围内的荒山为重点，采取人工造林和封山育林相结合的办法，突出抓好宜林荒山、荒坡等重点生态脆弱区的治理修复，打造绿化、彩化精品工程，2019年以来绿化荒山10万亩。

※ 沂南县雨季荒山造林现场（临沂市林长办　供图）

二是生态廊道绿化。以主要道路和河流沿线为重点，沿两侧宜林地带、城市绿带和重要节点，采取组团式造林，加快沿线两侧断档补植和可视范围内山体林分改造，宜林地绿化率达95%以上，道路林木绿化覆盖率达到90%以上。

※ 临沂市河东区生态廊道绿化（临沂市林长办　供图）

三是美丽乡村绿化。以城乡废弃地、边角地、农村“四旁”为重点，统筹环村林、“四旁”植树、乡村绿道、农田林网等绿化建设，开展绿色示范村庄创建，建成国家森林乡村30个，省、市级森林乡镇53个、森林村居513个，认定省级生态林场2处、乡村林场4处，让沂蒙乡村不断绿起来、美起来。

※ 蒙阴县前城村村庄绿化美化（临沂市林长办　供图）

四是森林质量提升。以28处国有林场为重点开展防护林退化程度调查，科学编制森林经营方案，加大森林抚育、退化林修复力度，分批次实施修复改造和森林质量精准提升，逐步优化森林结构和功能，提高森林生态系统质量、稳定性和碳汇能力。抓住蒙山区域作为省级林长责任区的机遇，在蒙山生态核心区的5处国有林场，先后实施省级林长示范点森林质量提升工程、省级森林质量精准提升示范项目，通过降低密度打开林窗，补植乡土彩化树种，改善林木生长环境，打造3000余亩森林经营样板林，示范带动提升区域内森林资源质量。

※ 沂水县双崮流域森林质量精准提升现场（临沂市林长办　供图）

2021年11月，在全省率先出台《临沂市人民政府办公室关于科学绿化的实施意见》，围绕造林绿化、资源管护和生态产品价值实现等重点，明确9项工作任务和5项保障措施，着力解决“在哪造”“造什么”“怎么造”“怎么管”的问题。在开展国土绿化空间调查评估基础上，编制《临沂市科学绿化示范工程规划（草案）》，围绕构建“七线（七条重要交通干线）、十环（环临沂城区、环九县）、多片（荒山荒地）”国土绿化空间格局，打造高质量生态林、高效益经济林、高颜值景观林和高容量固碳林，着力提升森林生态系统固碳增汇能力。

临沂市人民政府办公室文件

临政办发〔2021〕5号

临沂市人民政府办公室
关于科学绿化的实施意见

各县区人民政府（管委会），市政府各部门（单位）：

为深入贯彻落实《国务院办公厅关于科学绿化的指导意见》（国办发〔2021〕19号）和省政府关于科学绿化试点示范省建设的部署要求，经市政府同意，结合实际，提出如下实施意见。

一、总体要求

（一）**指导思想**。以习近平新时代中国特色社会主义思想为指引，全面贯彻党的十九大和十九届二中、三中、四中、五中全会精神，深入贯彻习近平生态文明思想，牢固树立和践行绿水青山就是金山银山的理念，统筹沂蒙山区域山水林田湖草

－1－

※ 关于科学绿化的实施意见（临沂市林长办　供图）

第三节
资源保护管理显著增强

全市坚持保护优先、增绿护绿并重，把森林防火、有害生物防控和资源监督管理作为林长制改革重要任务，通过建立完善“空天地”一体化监测和“人防+技防+物防”全方位保障，森林灾害综合防控能力和资源保护管理水平显著提升，坚决守牢森林资源生态安全底线。

全市划定森林防火重点区域101.3万亩，建成以乡镇林场为主线、村居林区为重点、山头地块为单元的三级网格化管理体系，实行市级林长包县（区），县级林长包重点乡镇（林场），县直部门单位包村（社区），乡村级林长包山头地块，印制《护林防火网格化手册》，明确各级责任人

※ 蒙山林海（临沂市林长办　供图）

3477名、片区巡护员2464名、专职护林员3674人，逐级逐人压实防火责任；市级增加森林防火经费522万元，建设“全市森林防火网格化监测系统”，实现了视频监控预警互联互通、重点林区全天候监测、网格化管理线上线下相结合；新建智能化防火检查站155处，智能语音和图像采集卡口439个，建设水灭火管网24.07千米，建设各类防火水源地335处，建成森林消防直升机专用停机坪3处；配齐配强专业力量，新组建9支森林消防专业中队和1支森林消防专业大

※ 平邑县蒙山森林消防专业队伍（临沂市林长办　供图）

※ 沂南县森林消防专业队伍（临沂市林长办　供图）

※ 蒙阴县基层护林员队伍（蒙阴县林长办　供图）

队，全市森林消防专业队伍达到16支804人。推进城乡公益性岗位与生态保护“双结合”，开发“植绿护绿”“防火巡林”公益性岗位6666个，有效补齐基层资源管护短板，打造“红色沂蒙·绿色公岗”品牌。

从建立长效防控机制入手，定期开展林业有害生物精细化普查，建设预测预报网络，建立有害生物防控周通报和月会商制度，健全完善1个市级中心监测站、4个县级监测分站、50处进山口检疫检查站，充实配备防控物资设备，加强人员队伍技术培训，全面增强防控体系建设。每年实施飞机防治美国白蛾等重大食叶害虫500万亩次以上，做到了“有虫不成灾”；累计打孔注药防治日本松干蚧30多万亩，将危害控制在轻度以下；组织松材线虫病疫情县打好拔除攻坚战，实现无新增疫情扩散，全省四大重点生态区域只有蒙山未出现疫情传入。

※ 美国白蛾飞防（薛克臻　摄）

实行林长森林资源保护目标责任制，扎实开展森林督查和打击毁林专项行动等工作，将督促违法案件查处列入市、县级林长责任清单，推动森林督查问题图斑及时全面整改；县综合行政执法部门向县自然资源（林业）部门派驻人员，加强多部门执法协调联动，逐步理顺林业行政执法体系。2019年以来，全市森林督查违法违规图斑数、面积数都呈总体减少趋势，林业行政案件案发率呈逐年下降趋势，实现涉林案件查处率100%。将古树名木保护纳入各级林长责任范围，组织开展了资源普查补充调查工作，对315棵一级古树名木进行认定建档，明确管护主体、责任人及保护措施，竖立保护责任牌，制作二维码标识牌，完善“一树一档”，建立“一树一证”，制定“一树一策”，确保每株古树都责任到人、保护到位。

※ 古树名木保护修复示范点（河东区林长办　供图）

第四节
资金投入保障多元有力

为破解“林业行业投入少”的问题，全市结合林长制改革，着力在“财政投、向上争、多方融”上下功夫，创新完善资金投入政策，拓宽畅通投融资渠道，形成多元化、市场化投入保障机制。

一是生态补偿带动。通过制定出台《临沂市森林生态效益补偿办法》，全面实施森林生态效益横向补偿机制，三年来共奖补县（区）林业生态建设资金1.56亿元，其中市级林长项目奖补资金1386万元。蒙阴、沂南、平邑、兰陵等县也出台造林绿化奖补政策，统筹市级生态补偿资金使用，将造林标准由原来的每亩两三百元提高到2000元以上，保障提高了造林绿化标准和质量成效。

※ 高标准鱼鳞坑荒山造林（临沂市林长办　供图）

※ 工矿废弃地造林绿化修复（临沂市林长办 供图）

二是国家项目拉动。在省、市总林长协调推动下，2021年“沂蒙山区域山水林田湖草沙一体化生态保护和修复工程”项目列入国家支持项目，获得中央财政奖补资金20亿元，成为临沂市历史上单次争取资金量最大的项目。项目规划总投资54亿元，其中林草湿地类项目共涉及生态脆弱区造林、退化公益林修复与森林质量提升、森林保育、生物多样性保护与有害生物防治、小微湿地生态修复5类工程，总投资16.88亿元，将有力推动沂蒙山区域森林生态质量和功能显著提升。

三是社会资本撬动。采取“政府+”模式，以政策项目为引导，广泛吸纳工商企业、个体大户等社会资本参与，推行“企业+基地+合作社+农户”造林模式，催生了一批规模大、带动力强的林业综合体项目，近年来为林业发展带

※ 河东区正直滨河森林公园（河东区林长办 供图）

来了30多亿元社会资金。借助工商企业雄厚的资金实力、先进的技术和管理理念，改造提升传统林业，实现了标准化栽培、集约化生产、产业化经营，有力提升造林绿化特色质量和经济效益，激发了现代林业发展新活力。

※ 沂南县马泉创意休闲园（沂南县林长办　供图）

第五节
森林生态价值持续放大

围绕助力打造乡村振兴沂蒙样板，将林业生态建设与林业产业发展有机结合，大力培育特色经济林、种苗花卉、林下经济、森林旅游、高端木业等绿色富民产业，发展绿色生态产品，形成了区域化产业集群。通过优化林木品种结构，加大林业科技创新，提升技术装备水平，一、二、三产业融合发展，加快推动林业产业转型升级、提质增效，“中国板材之都”“中国蜜桃之都”“中国核桃之乡”“中国板栗之乡”“中国银杏之乡”“中国海棠之乡”等一张张特色名片擦得更亮，区域品牌影响力和竞争力持续增强。依托临沂丰富的森林资源和特色产业优势，主动探索“两山银行”“GEP核算”“森林碳汇”等生态产品价值实现新机制、新路径，推进生态资源向资产资本的转化，有效盘活了林木等资源，打通“绿水青

※ 桃花红满山（王乐富　摄）

山”和“金山银山”之间的双向转化通道。全市林业产业总产值突破1500亿元，居全省第一，实现了沂蒙乡村生态美、产业兴、百姓富。

※ 特色经济林种植基地（临沂市林长办 供图）

※ 林下经济基地（沂水县林长办 供图）

※ 精品花卉生产基地（临沂市林长办 供图）

※ 精品苗木种植基地（临沂市林长办　供图）

※ 森林旅游景区（临沂市林长办　供图）

※ 高端木业生产线（临沂市林长办　供图）

※ 沂蒙美丽乡村（蒙阴县林长办　供图）

第四章

特色实践

第一节
蒙阴县：打造蒙阴林长制特色品牌 奋力书写绿色发展新篇章

蒙阴县位于沂蒙山区腹地，总面积1605平方千米，总人口58万，境内有大小山峰520座、河流178条、水库103座，是举世闻名的“孟良崮战役”发生地、“沂蒙六姐妹”家乡、沂蒙精神重要发源地和沂蒙山世界地质公园核心区。全县森林面积149万亩，森林覆盖率达62.2%，居临沂市第一位、山东省第二位，是鲁中南地区重要的生态屏障和水源涵养地。先后荣获国家生态文明建设示范县、全国“两山”实践创新基地、全国绿化模范县、国家园林县城、国家级重点生态功能区等荣誉称号，2020年获批创建国家森林城市。

※ 蒙阴县岱崮地貌景观（蒙阴县林长办　供图）

绿色是蒙阴最大的底色，生态是蒙阴最美的画卷。党的十八大以来，蒙阴县委、县政府认真践行习近平生态文明思想，坚持“绿水青山就是金山银山”发展理念，高度重视林业工作，确立了“生态立县、生态强县”战略，从以牺牲环境来换取经济增长的“靠山吃山”，转变为通过保护环境来优化经济增长的“富山养山”，使昔日的荒山秃岭变成了如今的“花果山”“生态山”，走出了一条青山涵养绿水、绿水滋润青山、生态富民强村的良性循环发展之路。在蒙阴，绿色、低碳、生态理念深入人心，爱绿、增绿、护绿蔚然成风！

蒙阴县既有得天独厚的资源优势，又有坚强有力的政治保障。在机构改革中保留了县林业局，为县政府组成部门，成为临沂市唯一一个设立林业局的县。专门成立了国有林场总场，为副县级事业单位，加强对全县3处国有林场的管理工作。

※ 蒙阴县国有天麻林场（蒙阴县林长办供图）

2019年，蒙阴县按照省、市部署要求，在全市率先探索实行林长制改革，构建了省、市、县、乡、村五级林长制组织体系。目前，临沂市有2名市级林长包扶蒙阴县，全县共设有县级林长34名、乡镇林长176名、村级林长1113名、县级林长制会议成员单位24个、县级林长责任部门95个、护林员660名、警员39名、技术员25名，探索实施“民间林长”，全县已有300多个“民间林长”活跃在造林护林一线，实现了行政区域林长全覆盖，形成了全员参与、齐抓共管的良好局面。制定并出台《蒙阴县林长制改革工作方案》以及分级林长会议制度、信息通报制度、林长巡林制度、工作督查考核制度，保障林长制工作高效运行。建立森林生态效益补偿机制，不断强化林长制资金保障，三年来累计投入资金2860万元用于全县廊道绿化、荒山绿化、农田林网、乡村绿化等林业重点工程。

※ 蒙阴县市级林长责任区公示牌（蒙阴县林长办　供图）

※ 蒙阴县桃墟镇前城村林长公示牌（蒙阴县林长办　供图）

坚持高标准“增绿”，着力实现山不漏土、满眼皆绿。大力实施“绿满蒙阴”战略，着力让每一寸土地都绿起来，实现了大地披绿，带动了群众行为习惯和文明方式的转变，奠定了生态文明建设的林业基础。蒙阴荒山坡度大，大多为裸岩山，绿化难度大、成本高。为了解决荒山绿化难题，蒙阴县实行林长包荒山绿化机制，每年绿化一座山、一条梁，包栽、包活、包成林。每名县级林长负责绿化200亩左右的重点荒山，乡镇林长也有具体的荒山绿化任务。2019年以来，全县新造林2.1万亩、森林抚育3万亩，其中市、县级林长造林6000余亩，成为全县荒山绿化的样板。

※ 蒙阴县蒙阴街道吴家山村市级林长荒山责任区绿化（蒙阴县林长办　供图）

※ 蒙阴县垛庄镇水涟峪市级林长荒山责任区绿化（蒙阴县林长办供图）

坚持高质量“护绿”，着力实现林海葱郁、和合共生。林业三分造、七分管，蒙阴县积极探索“林长制＋”管护模式，打出管林“组合拳”，筑牢护林“防火墙”，打造生态“共同体”。建立了生态公益林管护制度，把护林纳入村规民约，设立林长制公示牌58处、公益林标识牌328块，全面落实了“禁牧令”；突出抓好森林防火工作，完善森林防火“责任、信息、预防、扑救”四大体系，全面提升“人防、物防、技防”防火能力建设信息化、数字化、智慧化水平；积极开展林业有害生物防治工作，重点做好松材线虫病监测预报，确保松材线虫疫情零发生；建立了古树名木管护制度，对全县所有古树名木建立电子档案、挂牌保护，严厉打击偷盗景观树等违法行为；建立了野生动植物资源保护制度，各级林长带头，禁捕禁食野鸡、蜂蛹等野生动物，保护生物多样性。通过近些年的努力，全县生态环境明显改善，鸥鹭翔集、鱼翔浅底的景象随处可见。

坚持高效率“营绿”，着力实现生态得绿、群众得利。立足林地资源优势，找准生态与富民的结合点，本着宜林则林、宜果则果、宜养则养、宜游则游的原则，加快推进林业经济发展，形成了山顶松柏戴帽、山间经济林缠腰，山脚森林旅游产业环绕的立体生态格局，实现了生态惠民、生态利民、生态为民。全县蜜桃种植面积65万亩，年产量12.5亿千克，“蒙阴蜜桃”品牌价值达266亿元，居全国桃品牌第一位，列入“中国农产品百强品牌”，江浙沪市场“三个蜜桃两个来自蒙阴”；积极探索建立“林禽、林蜂、林菌、林药、林菜”5种林下经济模式，构建了“兔—沼—果”“果—菌—肥”“农—工—贸”循环产业链；突出森林生态休闲旅游，打造了崮上草原、椿树沟、麦饭石主题康养等景点，自实施林长制工作以来，蒙阴县创建全国生态文化村1个、国家森林乡村3个、省级森林乡镇2个、省级森林村居12个，全县规模以上森林康养民宿达到28处，呈现出“春天满山花、夏天满山绿、秋天满山果、四季有景观”的大美生态格局。2020年，全县实现林业产业总产值127.43亿元。

随着林长制从试点到全面推行，全县逐渐实现了“山有人管、林有人造、树有人护、责有人担”，林长“治山”对生态改善和绿色发展的促进作用愈加明显，以林长制为基础推进生态文明建设的一系列实践探索正在加紧实施。

探索实施林业碳汇交易。通过与国务院发展研究中心合作开展碳汇调查研究，估算全县森林系统碳汇总量为550万吨、价值10.3亿元。2020年5月，本着

※ 蒙阴县旧寨乡桃花盛开景色（蒙阴县林长办　供图）

※ 蒙阴县“绿色银行”成立揭牌仪式（蒙阴县林长办 供图）

“先行先试、走在前列”的原则，蒙阴县与山东东碳新能源开发有限公司签订了全省第一份碳汇资源项目开发合同；2021年6月，完成林业碳汇10万元4000吨的全省首单交易；2021年底，完成山东首笔森林碳汇预期收益权质押贷款7000万元；2022年5月，又成功签订省内首单民间林长森林碳汇价值保险，为3000亩集体林地提供150万元的风险保障。

探索建立生态产品价值核算机制。制定出台《蒙阴县生态系统生产总值（GEP）核算工作方案》，成立生态产品价值核算工作专班，选取桃墟镇、垛庄镇、旧寨乡3个乡镇中的5个村先行开展生态产品价值核算试点。核算内容包括生态系统供给、调节服务和文化服务三大类生态产品。最终将核算成果运用到全县绿色高质量发展的战略规划、党政领导班子绩效考核、领导干部自然资源资产离任审计、绿色发展财政奖补、国土空间管控、生态系统保护修复、环境治理评估、自然资源资产负债表编制、项目级生态产品市场化交易等方面。2021年9月，蒙阴县发布了山东省首份村级GEP核算报告，经过中国环境科学研究院初步核算，安康村生态产品总价值9947.91万元，单位面积生态产品价值为24.26万元/公顷；百泉峪村生态产品总价值7270.56万元，单位面积生态产品价值为29.67万元/公顷。

倾力打造“绿色银行”助力乡村振兴。制定出台《蒙阴县“绿色银行”试点实施方案》，借鉴银行分散式吸收零散储户闲置资金、集中式使用资金进行

※ 蒙阴县云蒙湖国家级湿地公园（蒙阴县林长办　供图）

经济活动的工作模式，以全县范围内山、水、林、田、湖、草等自然资源为目标资源，将这些碎片化的资源资产通过集中收储，整合提升后推向市场，引入合适的社会资本和运营管理方，实现生态资源向资产、资本的高水平转化。打造县级“绿色银行”1处、镇级“绿色银行”9处，创新“县级绿色银行统筹项目规划、乡镇绿色银行着力项目落地”运营联动机制，并广泛吸纳6个多元主体参与建设“绿色银行”项目，实现对全县生态资源的统一规划、统一收储、统一开发。

下一步，蒙阴县将深入贯彻习近平生态文明思想，认真落实国家和省、市关于生态文明建设决策部署，虚心学习借鉴先进地区经验，立足资源优势，发扬沂蒙精神，进一步推深做实林长制，坚持以林长制统领全县林业发展，在林长制改革和绿色低碳发展中趟出蒙阴路径，为全国生态文明建设和顺利实现国家碳达峰、碳中和目标做出蒙阴贡献。

※ 蒙阴县桃墟镇安康村生态旅游景区（蒙阴县林长办　供图）

第二节
沂水县：探索“林长制”特色路径 打造“林长制”示范典型

沂水县是林业资源大县，全县森林面积150万亩，森林覆盖率达41.3%，是沂蒙山区重要的生态屏障和水源涵养地，先后荣获国家园林县城、省级生态县、省绿化模范县等荣誉称号。2019年以来，沂水县认真贯彻落实省、市关于全面推行林长制的部署要求，围绕护林增绿、提质增效等重点任务，建立健全体系，压实林长责任，加强资源管护，拓展造林空间，打造科技示范区，创设林长工作站，在探索创新中不断推深做实林长制，取得了明显成效，相关经验做法在国家林草局、省自然资源厅简报刊发；《人民日报》《中国绿色时报》以及山东广播电视台、临沂电视台等媒体进行了采访报道；先后有广东、河南、山西等20多个省、市、县来沂水考察学习。

※ 沂水县沂山林场（沂水县林长办　供图）

一、构建“三级林长、六大任务”架构体系

按照分级负责、属地管理的原则，全面建立县、乡镇（街道）、村（社区）三级林长制组织体系，配备护林员、技术员、警员，明确职责分工，“一长三员”形成合力，共同推进林长制工作的开展。共设立三级林长2260人，其中县级林长27人、镇级林长272人、村级林长1958人，落实护林员911人、技术员1027人、警员105人，形成横向到边、纵向到底的责任体系，确保每名林长肩上有担子，一山一坡都有专人管护。

明确五年（2019—2023年）林长制工作任务目标，细化分解到村、到地块，规划完成国土绿化9.2万亩（新造林4.5万亩、更新造林3.7万亩、荒山绿化彩化1万亩）、森林质量提升12.2万亩、特色经济林园区提升9.8万亩、封山育林10万亩、公益林管护52.7万亩，古树名木保护363株。

县、乡、村三级层层设立林长制办公室，明确推进林长制的任务目标、组织体系、规章制度，先后制定县级林长制会议、信息通报、督查督办、工作考核以及生态护林员管理办法、民间林长暂行办法等八项制度办法，并做到制度上墙、责任到人、公示牌落地。设置42块林长公示牌，公示林长职责、电话等信息，主动接受群众监督。同时，充分发挥责任单位作用，探索建立责任明确、制度健全、问效追责的工作机制，形成部门联动的工作格局，林业工作由“独唱”变“合唱”。

※ 沂水县林长制展馆（沂水县林长办 供图）

二、探索“六类特色、九种模式”特色路径

沂水县围绕市里确定的四大林长制重点工程，按照抓点促面、打造样板、引领全县工作开展的思路，探索建立了“六类特色、九种模式”的特色路径，分类打造林长制创新示范样板。

（一）突出六类特色

落实网格化全覆盖。将全县136万亩林地划分成1149个网格，建立四级责任网格，其中市级网格3个、县级网格20个、乡级网格147个、村级网格979个，做到了“四级林长设立”“森林资源保护发展任务”两个全覆盖。

设置民间林长。为不断完善林长制社会监督体系，建立健全社会自愿参与监督自然资源管护工作机制，全县开展了“民间林长”选聘工作，共选聘民间林长100名，参与宣传引导、发现反馈问题和林长履职监督评价等工作，带动群众积极参与生态建设，搭建起政府与社会、群众的沟通桥梁，推进社会协同治理，使林长制内涵不断丰富。

设立林长工作站。为加强促进各级林长与林农、专家与林农的联系，在全县规模以上特色林业生产基地创新设立了“林长工作站”。工作站是林长联系林农、专家联系林农、科研服务生产的纽带，是任务落实、项目运营、研发创新的主体，是承接课题、自主研发、联合攻关的平台，是发展模式、成果推广、管理措施的示范点，也是重要的宣传阵地，有效打通服务林农“最后一千米”问题。

打造四类示范样板。一是廊道绿化示范区，主要在土地流转、建设主体、发展方向、种植模式、永续利用等方面进行示范推广；二是特色经济林提质增效示范区，主要在科技创新、品种改良、精细管理、林下经济、产销帮扶等方面进行示范推广；三是森林质量提升及资源管护示范区，主要在修枝间伐、优化树种、增彩延绿、病虫防控、科技管护等方面进行示范推广；四是荒山绿化彩化示范区，主要在树种选择、混交模式、造林密度、造林方式、生态增效等方面进行示范推广。

助力林业精准扶贫。在林长制改革过程中，积极发挥林业行业优势，做

到与脱贫攻坚相融合，使林业增效和群众增收相结合，帮扶带动贫困人口2417人。发展经济林扶贫5078亩，帮扶贫困人口2307人，其中造林补贴类352人、技术指导类1337人、提供苗木类183人、土地流转类356人、土地入股类75人、劳务用工类4人。探索出每个护林员可带1～2名建档立卡贫困人口联合护林的“协管护林员”模式，面向贫困人口提供护林员生态岗位408个，既增加了管护投入，又扩大了生态岗位扶贫的覆盖面，一举两得，实现了扶贫效果的最大化。

明确五大结合点。建立林长制是加强生态文明建设的有力举措，是落实生态优先、绿色发展理念的必然要求，在林长制实践中，深刻领会、科学把握林长制内涵，梳理明确推行落实林长制的五大结合点：生态文明建设的示范田、“绿水青山就是金山银山”的实践田、实施精准扶贫的保障田、助力乡村振兴的样板田、绿色发展理念的成果田。

（二）打造九种模式

河滩绿化模式。林长制河滩绿化模式示范区位于许家湖镇兰香埠，地处沂河东岸，面积260亩，隶属国有沂河林场管辖。2019年以来，先后与省林科院合作无絮黑杨“鲁林16号”推广项目，合作中央财政推广示范项目——“鲁楸1号”等良种丰产示范项目，另外种植金叶榆、速生榆、水杉等树种，在林下间作中草药丹参200亩，示范推广新品种苗木种植，培育优质珍贵本土树种，促进林下经济发展，提高森林资源质量和林地生产力。以林长制工作为抓手，全面

※ 沂水县林长制主题公园规划图（沂水县林长办 供图）

※ 沂水县沂河林场河滩绿化模式示范区（沂水县林长办 供图）

搞好示范区建设提升，突出抓好无絮黑杨、楸树新品种和榆树、柳树、水杉等树种的示范推广；加强林下种植养殖项目开发建设，提升经济收益；创新林区管理，逐步将林区打造成集科研、科普、教学、旅游为一体的林长制主题公园。

廊道绿化模式。林长制廊道绿化模式示范区位于长深高速沂水县四十里堡段两侧，由四十里堡镇统一流转土地，沂水县兴国苗木专业合作社联合10户社员承包发展主干型黄桃750亩，沿线长度3千米。廊道绿化模式示范区注重在树种选择和栽培方式、管理措施、树形修剪等方面进行探索研究。采取两种方式

※ 沂水县许家湖镇快堡村千亩榛子园（沂水县林长办 供图）

进行绿化，一是对断档部位采用林苗一体化进行绿化，探索长周期培育高标准大苗的路子；二是对已郁闭的桃园采取隔行间伐栽植银杏和流苏等优质苗木，探索实践了廊道绿化可持续发展模式，既解决了桃园通风透光问题，又达到了桃园更新后廊道绿化的永续利用，实现了种植户有效益、政府得生态的双赢目的。

特色经济林提质增效模式。林长制特色经济林提质增效模式示范区位于许家湖镇榛子园。榛子园由快堡村636户农户以土地入股的形式与快堡村委联合成立了沂水县民富榛果专业合作社，栽植榛子2000亩。入股农户按10股/亩（每股1000元）算股份，村集体以资金入股折算股份，实施股份制经营管理、效益分红。同时，村集体拿出126股无偿提供给126户贫困户，进行精准脱贫。示范区层层落实各级林长工作责任，加强了以修剪除萌、浇水施肥、林下间作为重点的管理工作。林长制提质增效任务目标是协调搞好水肥一体化配套，推广林下榛蘑、松露种植，考察论证榛果综合加工项目，建立综合产业链，促进增收增利，实现永久惠民，增加村集体经济收入。

特色苗木培育模式。林长制特色苗木培育模式示范区位于沂城街道武家洼社区和许家湖镇快堡村，总面积600亩，主要树种及品种为：流苏、高干单樱、大园叶丝绵木、金园丁香和光皮木瓜等。示范区以林长制为抓手，以科技创新为动力，以名优乡土树种发展为方向，以名优大规格苗木培育为目标，采用大行距稀植培育模式和水肥一体化、钢管架扶、整形修剪、园艺地布覆盖等管理措施，积极探索绿色发展带动乡村振兴的产业模式。

皂荚多效益科技创新模式。林长制皂荚多效益模式示范区位于沂水县四十里堡镇小赵家屯村，总面积220亩。栽植皂荚、山皂荚等树种、品种10余个。皂荚是典型的乡土树种，具有重要的经济和药用价值，也可作为生态环境林、城乡景观林和原料林树种。示范区以结刺型、结果型、刺果兼用型和绿化型为良种选育方向，以产刺、产果和绿化大树为培育重点，融合药用、食用、化工、绿化、林下经济等多个方向，增加短期收入，降低投入风险。下一步任务目标是搞好皂荚新品种选育推广，皂荚产品开发利用，皂荚林下种养，全力提升示范区经

※ 沂水县四十里堡镇皂荚多效益模式示范区（沂水县林长办　供图）

济效益，示范带动全县皂荚产业不断发展壮大，增加林农经济收入。

荒山彩化造林模式。林长制彩化造林模式示范区位于院东头镇庐山，西邻国家5A级景区地下大峡谷。彩化造林面积2000余亩，采用多树种搭配、大规格苗木、高标准栽植的模式，选择侧柏、黑松、连翘、黄栌、紫叶李、鸡爪槭、木槿、紫荆、红栌等40多个树种，达到“三季有花、三季彩叶、四季常绿”的彩化造林效果。通过林长制的实施，搞好间伐、修枝、割灌除草、移栽、补植等工作，全面提升森林质量。同时，强化森林资源管护，有效控制森林火灾和病虫害的发生，确保森林资源安全。

※ 沂水县院东头镇庐山工程造林彩化效果（沂水县林长办　供图）

森林资源管护抚育模式。林长制森林资源管护抚育模式示范区位于龙家圈街道双崮流域，东西绵延15千米，流域总面积1.5万亩，采用工程造林模式完成生态造林7500亩，采用以奖代补模式发展经济林果6500亩。本着“多树种混交，大规格苗木，高标准栽植”的理念进行工程造林，成功摆脱了以往“年年造林不见林”的窘境。近年来，工程造林已成为沂水生态造林的主要模式。在资金来源上，将造林捐款与国家、省、市造林资金和县财政投入捆绑使用。在组织实施上，委托中介机构招标。在管护机制上，由中标人对造林进行三年管护，分三年支付工程款。同时，将工程造林纳入公益林统一整合划片，实行新老资源一体化管护。下一步，通过林长制的实施，搞好护林房、瞭望台、水源地、防火通道的质量提升，做好卫生伐、割灌除草、抚育管理等工作，全面提升森林质量。加强护林员的管理，压实责任，有效控制森林火灾和病虫害的发生，确保森林资源安全。

※ 沂水县龙家圈街道双崮流域工程造林绿化（沂水县林长办　供图）

百合生态画廊模式。林长制百合生态画廊示范区位于沂水县马站镇沭河北岸，长深高速和济青高速交汇处，总面积600亩。示范区以科技创新为引领，先后搜集引进百合品种300多种，现已选育出口感好、抗性强、花色美的食用、保健、观赏、绿化多用品种60多个。实施林长制以来，百合生态画廊着力开展了百合林下栽培、沙漠种植、水上种植、园林园艺套作、观光休闲套作等多模式栽培实验研究，首创大自然百合农林循环经济模式。林长制任务目标是积极抓好百合农林花卉立体间作、百合园林园艺套种等模式的种植试验，全力打造集百合研发种植、林下经济、生态观光旅游于一体的现代农业综合性园区，推动生态农林产业的深度融合发展和乡村经济的振兴。

林旅融合模式。林长制林旅融合模式示范区位于龙家圈街道赛石花彩小镇，占地2100亩，由赛石集团开发建设。以城乡增绿、林业增效、林农增收为目标，打造了全省花卉种量最多、投资规模最大、占地面积最广的绿化、彩化、花卉综合旅游目的地，实现绿化彩化同旅游资源的最大整合。以林长制实施为契机，进一步提升园区的品牌质量，建设成以林海花田为核心，以花卉旅游、亲子游乐、婚庆婚恋、特色民俗、休闲购物、果蔬采摘为一体的综合性生态观光旅游区，力争年接待游客50万人次，实现门票及综合收入1.7亿元。

※ 沂水县马站镇百合生态画廊示范区（沂水县林长办 供图）

三、实现“五级联动、五绿协同并进”新成效

林长制工作开展以来，各级领导抓造林绿化的主动性显著增强，广大干部群众育林护林积极性明显提升；部门联动增添新动能，齐抓共管造林绿化的格局已经形成；林业改革举措更加精准务实，各项工作开展成效显著。

“护绿”实现资源安全提升。全县聘用生态护林员911人，实行卫星定位考核和合同化管理。加强林木资源管理，办理林木采伐证3282份。开展昆仑行动，查处毁林和占用林地案件18起。完成森林督查933个林地变化图斑的核查和

※ 沂水县沂城街道张庄山体绿化彩化（沂水县林长办 供图）

136万亩森林资源管理“一张图”年度更新工作。

“增绿”实现绿化水平提升。层层分解造林任务落实到各级林长身上。2019年以来，以荒山绿化、疏林地增彩延绿补植为重点，全县共完成荒山造林和彩化造林5.2万亩；以高速公路、省道及沂沭河等生态廊道建设为重点，将沿线村庄、路网等一并纳入造林规划。目前，已建成林苗一体化、特色经济林、湿地生态等多种模式林长制绿化示范点12处，完成生态廊道绿化新建和提升45千米，全民义务植树660万株。

“管绿”实现森林质量提升。将国有林场、重点生态功能区中央财政森林抚育任务落实到各级林长，全面提升生态功能，全县聘用森林消防专业队员60人，以防火水源地建设为重点，争取935万元的蒙山森林重点火险区综合治理项目。全县设立美国白蛾、松墨天牛、松材线虫等有害生物监测点66处，切实抓好美国白蛾和日本松干蚧等重点林木病虫害的防治，达到有虫不成灾的目标。

“用绿”实现综合效益提升。统筹山水林田湖草系统治理，注重把林长制与全域旅游、脱贫攻坚、乡村振兴等结合，同谋划、同推进、同落实；积极推进林业供给侧结构性改革，大力发展生态旅游、森林康养等绿色产业。2019年以来，建设国家级核桃示范基地1处、省级经济林标准化示范园5处、省十佳观光果园1处、“齐鲁放心果品”品牌1个；创建省级森林乡镇2个、省级森林村庄3个；行业扶贫帮扶带动贫困人口2417人；林业产值突破200亿元大关，达到206亿元。

“活绿”实现内生动力提升。加快集体林权制度改革，开办森林保险54万亩，激发林业发展活力，实现山更青、权更活、民更富。以科技创新为动力，以标准化、品牌化、有机化为方向，特色林业建设质量和效益明显提高。全县发展林下经济12万亩，多途径促进林农增产增收；引进推广名优特稀新林木优良品种50余个，自主研发申报林木新品种10项，已有流苏、桂花和皂荚等7项新品种获国家植物新品种权；探索立体化、多元化特色苗木培育模式，造型流苏、高干单樱等特色苗木年均亩产值达2万～3万元；沂山林场以杜仲、流苏和皂荚等乡土树种资源为基础，获批沂水县杜仲省级林木种质资源库、沂水县珍稀乡土树种国家级林木种质资源库。

※ 沂水县杨庄镇黑墩山荒山造林绿化（沂水县林长办　供图）

第三节
河东区：“三个聚焦”开辟平原区林长制改革新路径

河东区作为临沂市中心城区组成区域，境内以平原为主，林地面积少且分散。近年来，河东区立足平原区实际，聚焦林长制重点关键环节，因地制宜探索特色模式，推动有限的林地资源发挥更大的生态效益和社会效益，开辟了平原地区林长制改革发展新路径。

一、聚焦保障机制，构建林长体系

一是构建三级林长体系，夯实基础保障。构建区、镇、村三级林长组织体系，明确责任区域，细化压实各级林长造林绿化、绿色示范村庄创建、林业有害生物防治、野生动植物保护等责任，建立护林员巡林管护、

※ 河东区汤河国家湿地公园（河东区林长办　供图）

林业科技人员指导服务、民警执法安全保障制度。目前，已实现区、镇、村三级林长全覆盖，共设区级林长32名、镇级林长220名、村级林长839名，配置技术员404人、护林员467人、警员112人。二是构建科技林长体系，促进科技转化。建立科技林长体系，组建以院士、教授、产业专业人才、乡土人才四支队伍为主的科技林长队伍，帮扶带动企业农户进行科技创新、新品种培育、新产品研发、新设备应用。目前，先后聘请新疆农业大学艾克拜尔·伊拉洪院士等科技林长50余名，成立山东汤泉玫瑰院士林长工作站，研发了“金太阳”“红绣”“蓝色海洋”3个玫瑰新品种，山东恒来源农业科技有限责任公司研发的“一种现代化大棚苗木育苗种植基地处理机及处理工艺”获国家发明专利。正直城郊滨河森林公园设有国内最大的室内盆景展厅——琅琊园，被中国风景园林学会评为科普教育基地，连续4年举办全国性盆景书画展。三是构建“林长

※ 河东区沂河生态廊道建设（河东区林长办　供图）

※ 河东区沭河生态廊道建设（河东区林长办　供图）

※ 河东区汤头街道西北村绿色示范村庄（河东区林长办　供图）

+检察长”体系，推进依法治林。建立落实“林长+检察长”工作机制，在全省率先建立区检察院驻区林长办检察工作联络室，以古树名木保护、征占用林地、野生动物保护等为重点，推动全区林业资源协同治理。工作机制建立以来，协同开展了古树名木保护督察3次，打击非法猎捕贩卖野生动物2起，查处非法占用林地案件2起。

二、聚焦资源提升，突出林长带动

一是点上突破，开展绿色示范村庄创建工程。各镇、村林长围绕绿色示范村庄创建活动开展“一村万树”工程，结合银杏、海棠等乡土树种，建设乡村绿道，开展“四旁”绿化和庭院美化，建设公共绿地，打造带有河东印记的“一树一品，一村一韵，一村一景”绿色示范村庄。2021年以来，建成绿色示范村庄30个，累计完成“四旁”植树70万株，涌现了一批海棠村、银杏村等特色村庄。二是线上联动，开展生态廊道建设工程。各级林长围绕“三河五线”（沂河、沭河、汤河三河，高铁、铁路、国道、省道、县乡道五线）建设生态廊道，在保护原生态环境、维持自然河道的基础上，进行综合整治，打造不缺株、不断档、林相整齐的绿色廊道景观。目前，已完成汤河两岸26千米河堤绿化和2000亩荒滩地生态植被恢复工作，打造精品水杉林30亩，建设特色园林精

※ 河东区中华海棠园（河东区林长办 供图）

品景观项目1000亩。三是面上推进，开展沂州海棠产业提升工程。强化科技林长引领，发挥100多家海棠研究所、研究协会、合作社的作用，培育当地特色品种，引进外地优良品种，不断丰富沂州海棠品种，增强发展后劲。抓好产品开发，延伸产业链条，开发海棠酒、果脯、饮料、茶叶、化妆品等，实现花、叶、果、树、景的多重经济价值叠加，打造海棠产业集群，引领沂州海棠产业更好更快发展。目前，已建成北方最大的海棠生产销售基地——临沂市林长创新园区中华海棠园，辐射带动周边3万多种植户，年出圃沂州海棠花卉盆景37个品种、2000万株，畅销国内并远销韩国、美国等10余个国家和地区。

三、聚焦资源保护，压实林长责任

一是加强古树名木保护，讲好文化故事。各级林长兼任相应辖区内的树长，成立古树名木普查队，现场定位测量、拍摄照片、收集古树背后的典故，整理形成全区古树名木电子信息数据库，统一安装二维码“身份证”，使古树的“户籍”信息和身份认证扫码可查，实现档案信息电子化。根据古树名木“体检”情况，开展一树一策、特色化保护修复，采取清腐防腐、修补树洞、修复枝干、支撑加固、安装围栏、防治病虫害、土壤改良等保护措施，确保古树名木得到有效保护。目前，全区36株古树名木和2处古树群均得到了良好保

※ 河东区古树名木保护示范点（河东区林长办　供图）

护。二是加强野生动植物保护，促进人与自然和谐。将野生动植物保护纳入林长制工作体系和责任体系，结合“林长+检察长”体系，加强对野生动植物及其栖息（原生）地保护、人工繁（培）育和经营利用各环节、全链条的监督管理。开展野生动植物本底调查，摸清野生动植物资源种类分布。建立野生动植物保护联席会议制度，联合开展野生动植物保护集中整治行动，严厉打击破坏野生动植物资源违法犯罪活动，维护野生动植物及其栖息（原生）地安全。2022年已救助野生动物31只，打击贩卖野生动物违法犯罪活动2起，清理违规野生动物展演1次。三是加强林木资源保护，守好林业生态红线。依托科技林长开展日常监测，做好预测预报。针对美国白蛾“第一代较为整齐，其余世代重叠严重”的生长特点，沿用“重防第一代，一役控全年”的综合策略，通过生物防治、药物防治结合，祛除林木病虫害，维护林业生态安全。强化依法治林，坚决把好占用林地查询关，扎实开展事中事后监管，严厉打击乱征滥用林地、盗砍滥伐林木行为。

第四节
沂南县：以林长制为统领科学推进荒山绿化

近年来，沂南县立足山区县实际和优势，认真践行“绿水青山就是金山银山”理念，坚持以林长制为统领，以绿化荒山、修复生态为重点，不断强化措施、加大投入，在增绿、补绿、护绿工作上取得了明确成效。目前，全县林地面积已达71万亩，林木覆盖率达到37.2%，森林覆盖率达到22%。

※ 沂南县岸堤镇县级林长荒山绿化造林点（沂南县林长办　供图）

一、加强组织领导，压实责任任务

一是领导重视，高位推动。县委、县政府高度重视国土绿化工作，把绿化荒山作为一把手工程。县委常委会、县政府常务会在研究林长制工作中多次强调，把绿化荒山作为提升沂南县生态水平的重要任务，以林长制为抓手，大力开展荒山造林攻坚行动，明确任务，突出重点，强力推进，确保取得实实在在的成效。

二是科学规划，精准实施。近几年，随着国土绿化工作的不断推进，沂南县适宜绿化的国土面积已基本实现全覆盖，剩下的主要是多年绿不起来的生态脆弱区和项目难落地的荒山零散地。为了攻克这些“老大难、硬骨头”，沂南县对生态公益林、自然保护地和生态红线范围内的可造林图斑进行了全面核实，共核实出1113块、8250亩。针对这部分难造荒山，制定了《荒山绿化攻坚行动实施方案（2020—2022）》，编制了年度造林计划。2021年，为推进荒山造

※ 沂南县岸堤镇县级林长荒山绿化造林点（沂南县林长办　供图）

※ 沂南县双堠镇镇级林长荒山绿化造林点（沂南县林长办　供图）

林攻坚，又出台了《推深做实林长制工作的意见》，进一步明确了主攻方向。

三是明确任务，压实责任。沂南县从压实责任和提高执行力上下功夫，将荒山绿化和山水林田湖草沙综合治理有机结合，明确责任主体，按照“党政同责、属地负责、林长主抓、部门协同”的原则，把荒山造林任务压实到各级林长。将这些“硬骨头”细化分解给各级林长来啃。通过定面积、定目标、压责任、严考核，逐个攻坚克难。县自然资源和规划局负责制定年度造林计划，任务和面积明确到具体地块，保证造林计划顺利实施，确保造一块，成一块，绿一块。

二、创新绿化机制，提升造林质量

一是破解造林难题。坚持问题导向，破解造林难题，突出抓好生态脆弱区和零散荒山绿化。一是通过优化自然保护地范围、调整生态红线，对可造林图斑进行全面核实后，把零散地块，通过农村“三资”清理，与农户签订补偿协议，落实补偿资金，将荒山收归集体造林。二是整合零散林地，在尊重群众意愿的基础上，鼓励支持农户通过林地流转，将零散荒山转包到造林大户实施绿化。三是简化造林招标程序，采用单一来源，按照“树随地走、谁造谁有、谁经营谁受益”的原则，支持谁的林谁造。

二是提高造林质量。严格按照相关造林技术规程，本着因地制宜、适地适树的原则，优先选用本地优质苗木，做到随起随栽。坚持高标准整地，对陡坡荒山、废弃老矿坑区，采取客土整地、条带栽植。县自然资源部门抓好技术指

※ 沂南县岸堤镇大峪庄村废弃矿坑生态修复造林点（沂南县林长办　供图）

※ 沂南县封山育林公示牌（沂南县林长办 供图）

导和协调服务，把好苗木质量关，培训栽培技术，负责检查验收，确保造林质量和效果。

三是实施封山育林。县政府制定了《封山育林管理办法》，下发《封山育林公告》，实施最严格的管护、最严格的考核。对所有新造林、疏林地、无立木林地、灌木林地等全部纳入封山育林管护范围，设立封山育林标志牌，签订禁牧护林协议，全天候巡逻检查，严厉打击各类破坏森林资源的违法犯罪行为。

三、强化保障措施，增强造林成效

一是整合资金，足额保障。整合多项造林资金，优先保障荒山绿化费用。纳入“沂蒙山区域山水林田湖草沙一体化保护和修复项目”的，用好中央财政专项资金和配套资金，其他造林项目，用好市级森林生态效益补偿资金和历年结余的森林植被恢复费。在疏林地和立地条件较好的公益林林地，设计造林费用提高到每亩2000元；在生态脆弱造林难度特别大的公益林林地，设计造林费用每亩不低于3000元。

二是压实责任，严格考核。将年度造林任务列入林长制工作考核内容，增大分值占比，明确奖惩措施，做到一把“尺子”量到底，按照任务完成百分比进行排名，并将考核结果每周通报，年底纳入乡镇街道高质量发展综合考核。对工作突出的，予以通报表扬；对工作不力的，责成限期整改，追究责任。

三是加强监管，严格执法。为了压实乡镇主体责任，细化部门监管，2021年沂南县委、县政府印发了《关于加强自然保护地资源管理的实施意见》和

《开展自然保护地清理整治实施方案》，进一步明确了县直相关部门和乡镇街道对保护绿化成果的监管责任。成立4个督导组，深入开展毁林开荒、违法占用林地专项整治行动。对查出的各类违法行为进行集中清理整治，对查出的违法违规案件进行严厉查处，巩固沂南县来之不易的绿化成果，努力营造全社会增绿、补绿、护绿的积极性。

※ 沂南县张庄镇钮家沟村荒山绿化造林点（沂南县林长办　供图）

※ 沂南县岸堤镇王山峪村荒山雨季造林现场（沂南县林长办　供图）

第五节
费县：持续深化林长制改革助推林业高质量发展

费县地处沂蒙山腹地，总面积1660平方千米，辖12个乡镇（街道），421个行政村，91万人。其中山丘面积占76.4%，境内有大小山头1400多座，国有林场5个，国家刺槐林木良种基地1处、省级自然保护区1处、省级森林公园2处、省级湿地公园3处，先后被评为“中国板栗之乡”“中国核桃之乡”“国家园林县城”“国家级美丽乡村标准化试点县”“全国经济林产业区域特色品牌建设试点县”“全国林下经济示范基地”。

近年来，全县坚持以习近平生态文明思想为指引，认真落实省、市推行林长制部署要求，聚焦森林资源保护发展各项任务，压紧夯实责任，坚持探索创新，取得阶段性成效。目前，全县形成了北部沙石山松类水源涵养林区，南部青石山侧柏水土保持林区，中部平原用材林区三大生态系统，有林地面积68.22万亩，其中防护林28.70万亩，经济林30.72万亩，用材

※ 费县国有塔山林场（费县林长办　供图）

林8.80万亩，森林覆盖率达27.40%。

一、落实林长制度，提升护绿能力

一是完善组织体系。根据工作实际，对三级林长进行优化调整，设县级林长28名，乡级林长182名，村级林长953名。充实县、乡两级林长制办公室工作人员，健全完善工作机制，编制《费县林长制工作指南》，为林长制各项工作开展奠定坚实的组织基础。

二是压实职责任务。2022年，县级林长成员单位由18个增加至21个，重新划分林长责任区域。完善社会监督体系，推进“民间林长”选聘管理和“林长+检察长”工作机制，构建社会各界积极参与的林业生态保护新格局。健全林长巡林、会议、信息报送、督办等各项制度，完善考核评价体系，建立纵到底、横到边全域覆盖的林长制网络，实现“一山一坡、一园一林、一树一木”都有专人管护。

三是发布总林长令。2022年3月28日，发布全省首个县级层面的总林长令——《关于加强国土绿化和森林防火工作的令》（2022年第1号），围绕推深做实林长制、科学推进国土绿化、加强生态保障、严防森林火灾发生等工作，就今后一段时间林长履职尽责作出部署。

费县总林长令

费总林长令〔2022〕1号

关于加强国土绿化和森林防火工作的令

为认真贯彻习近平生态文明思想，深入践行“绿水青山就是金山银山”理念，全面落实国家、省、市相关会议精神和文件要求，全县各级各相关部门要以全面推行林长制为抓手，加快推进国土绿化步伐，严守森林防火安全底线，为我县高质量发展提供坚强的生态保障。

一、推深做实林长制。围绕责任体系、工作机构、制度落实、工作运行、考核评价、创新机制、档案管理等“七个规范化”开展“林长制工作运行规范年”活动；健全县、乡、村三级林长责任体系，实行“月梳理调度、季督导通报、年终综合考评”，加大工作督导和量化考核。围绕“林长制+乡村振兴”，每个乡镇（街道）打造2-3处县、乡林长责任区域工作亮点和示范样板，每个国有林场打造1-2处林长责任区域工作亮点和示范样板，提升林长科技创新示范园区，规范建设10处“林长工作站”；建

— 1 —

※ 费县总林长令〔2022〕1号（费县林长办供图）

二、推进质量提升，拓展增绿成效

一是科学经营提质量。以荒山绿化美化彩化和乡村绿化美化为重点，打造高质量生态林、高效益经济林、高颜值景观林和高容量固碳林，统筹推进绿化

工作。科学编制全县林业发展“十四五”规划，大力支持社会资本参与生态保护修复，创新探索可造林绿化空间核实与评价、林业碳汇开发等工作。创新工作思路，将增设公益性岗位与森林资源管护结合起来，探索群众护林增收有效途径，推进生态保护和共同富裕。近两年，投资1000万元完成新造林5120亩，森林抚育1.2万亩，森林质量提升2350亩。

二是科学规划推项目。依托“沂蒙山区域山水林田湖草沙一体化保护和修复项目”，投资20627万元推进森林保育项目，建设生态水池306处，生态保育管网150千米，生态廊道105千米，生态溢流坝8处。投资6967万元，推进费县退化公益林修复2.3万亩，投资366.48万元，进行费县生态脆弱区造林1221亩，项目建成后将达到“防控能力极大提升、生态环境显著改善”的良好局面。

三、加强森林管护，扛牢管绿职责

一是突出病虫害防治。投资2206万元推进林业有害生物防治，其中2021年松林病虫害秋季普查和美国白蛾飞防已完成，实施飞防作业354架次，覆盖面积65万亩，11个进山口检查站和检疫监测点能力得到提升；2022年松墨天牛监测、林草有害生物普查和松材线虫病春秋季普查已招标完成，美国白蛾飞防已上网招标。在大青山省级自然保护区侧营寺分区设立国家级中心测报点，建设智能化远程监测设备，基本实现保护区内公益林视频监控全覆盖。

※ 费县大青山省级自然保护区（费县林长办　供图）

二是突出森林防火。全面落实林长防火责任制，各级林长定期巡防，察看防火情况。2021年投资400余万元，新建监控平台4处、球机42个、枪机88个，新建防火道路2千米、修复防火道路14.5千米，新建护林房4处，安装道闸6处，购买无人机7架，并对22处防火检查站进行了综合能力提升。在蒙山区域靠前驻防4个中队80人森林防火队伍，配备防火车辆20辆、各类灭火设备200台套，24小时备战备勤。认真组织森林火险隐患排查，对重要节点实行交通限行，对违法违规用火实行举报奖励，坚决防止森林火灾发生。

三是突出问题整改。坚持“事先发现、事中监管、依法查处”原则，推进林地管理向法治化、规范化发展。积极开展全县打击毁林专项行动和森林督查自查，并对上年度森林督查发现问题的查处整改情况开展“回头看”，按照“案件查处、林地回收、追责问责”三个到位原则，全力推动森林督查和专项行动问题图斑整改。

四、创新特色模式，盘活绿色资源

一是推进生态资源价值转化。2021年6月21日，费县成立山东省首家生态价值转化的实体化运作平台——“两山银行”。目前，“两山银行”已联合恒丰银行、中国银行、农商银行等金融机构，推出“种植贷”“养殖贷”“木业贷”“品牌贷”“强村贷”“社会化服务贷”等八大系列金融贷款产品，成功运作“两山银行”试点信贷业务439笔，信贷额度7221万元，切实把资源变成了资产，让绿水青山变成生产力。马庄镇土山后村等三个村的8个贷款主体以流苏

※ 费县“两山银行”成立揭牌仪式（费县林长办　供图）

※ 费县马庄镇土山后村千年流苏树（费县林长办　供图）

树、楸树、核桃树等生态资源作抵押，首批获得总额750万元的生态金融贷款授信额度，其中核桃峪村以“网红”千年流苏树抵押贷款230万元。2021年12月，费县“两山银行”入选国家林业和草原局第二批《林业改革发展典型案例》。

二是做特做优经济林产业。将特色经济林和林下经济开发利用作为林长制工作重要内容，重点打造板栗、核桃、山楂三大特色林产品品牌，创建“齐鲁放心果品”品牌3个、省级经济林标准化示范园7处、省级林业龙头企业2家，“费县核桃”“费县山楂”品牌价值分别达到7.19亿元、14亿元。全县经济林

※ 费县大青山林场科技创新示范区（费县林长办　供图）

面积发展到30.72万亩、产值18亿元。依托全国林下经济示范基地，积极发展林药、林菌、林下养殖等立体种养模式，创新推动以森林观光旅游、森林康养及绿色林产品为主的现代林业，全县发展林下经济面积3万亩，产值2.5亿元。2021年6月，费县绿缘核桃专业合作社被评为“全国农民合作社示范社”，是目前费县第三家、全县林业行业第一家，该合作社还被评为“临沂市对接长三角中心城市农产品供应基地”，获得市级奖励100万元。2021年10月，费县柱子山中药材种植林下经济基地被评为第五批全国林下经济示范基地。

※ 费县林长制科技创新核桃示范园区（费县林长办 供图）

第六节
平邑县：深入推进林长制改革开创平邑生态建设新局面

2019年7月，平邑县开始全面推行林长制，逐步构建起完善的县、镇、村三级林长制体系，目前共设立县级林长34人、镇级林长151人、村级林长593人，48家县直单位主要负责人为县级林长会议成员。先后出台完善了林长制巡林、督办、考核等系列规章制度，划定了责任区域，明确了工作职责，形成了完善的长效工作机制。全县各级林长牢固树立“绿水青山就是金山银山”的发展理念，以实现“五绿”协调发展为目标，大力开展“绿满平

※ 平邑县蒙山龟蒙景区（平邑县林长办　供图）

※ 平邑县森林防火视频监控系统（平邑县林长办 供图）

邑”行动，不断推深做实林长制工作，为全县生态文明建设提供了强大动力。

一、工作成效

一是“增绿”进程不断加快。以美丽乡村建设为依托，大力开展乡村绿化，自平邑县林长制改革以来，创建国家森林乡村2个，省级森林村庄3个，市级森林乡镇4个，市级森林村庄34个；新增造林6.88万亩，退化林修复1.86万亩，其中完成市级林长造林任务3073.5亩，绿色廊道建设517.5亩，县级林长造林任务8805亩，生态廊道建设2148亩。

二是“管绿”机制更加健全。以林长制为依托，严格落实林长巡林工作机制，将林长制责任区域与县级领导联系点、森林防火网格化管理充分结合，形成了纵向一条线、横向一张网的林长监管网络；新颁布实施了《平邑县护林员管理办法》，通过提高待遇、平衡管护经费、护林员设置点面结合等方式方法，有效调动护林员的积极性，提高森林资源保护成效；严格林地使用监督管理，扎实开展森林督查，对各类建设项目使用林地情况进行查验、审核，避免各类项目违法违规占用林地。

三是“护绿”措施更加严格。坚持“预防为主，积极消灭”方针，投入资金近2100万元，积极构建“空天地”一体化监测和“人防+技防+物防”全方位保障体系，全面提升水网、路网、监控网“三网”防护体系建设水平，建成7个专业森林防火中队靠前驻防，全县的森林防火能力明显提高。全县设立8个市

※ 平邑县国有万寿宫林场（平邑县林长办　供图）

级监测点对美国白蛾、杨扇舟蛾、杨小舟蛾等有害生物进行日常监测，每年完成全县46万余亩林区飞防任务，调查松林面积14万余亩，确保了全县未发生松材线虫病株及疑似病木。积极开展自然保护地管理巡护工作，完成自然保护地专项巡护130余次，处理登记问题台账80条；扎实开展“清风行动”“花鸟鱼虫市场专项清理整顿”等自然保护地联合执法活动，累计联合巡查自然保护地50次、人工繁育养殖场40家、农贸市场80次、餐饮场所130家。

四是“活绿”价值更加凸显。依托优质森林资源，不断加快发展林业观光、游憩休闲、健康养生等新型业态，提供了更多优质生态产品，不断加快推进金银花等特色经济林和苗木花卉、中草药种植等林下经济的现代高效林业，深入推动全县林业碳汇项目的开发利用，科学制定碳汇交易的实施方案，全面梳理近年来的造林、抚育林项目，为接下来做好碳汇资产的抵押、交易、升值等工作做足准备，力争在碳汇交易方面打造平邑特色。

五是“用绿”成效更加显著。大力开展绿化、美化、量化美丽乡村建设，积极建设湿地公园，现有湿地公园4处，其中国家湿地公园1处，省级湿地公园3处，总面积3.87万亩。自2019年以来，先后投资1280余万元，修复湿地面积1万余亩，建设生态休闲步行道25千米，休息观鸟亭10处，各类宣传标牌1000余块，湿地公园内栽植各类植物15万株，全县湿地生态系统显著恢复。

二、主要做法

一是加强组织领导，压实工作责任。压实各级林长责任，明确部门分工，推动履职尽责，形成一级抓一级、层层抓落实的工作机制。强化地方党委政府保护发展森林草原资源的主体责任和主导作用，将各级林长明确为党委、政府主要负责同志，使保护发展林草资源的责任由林业部门提升到党委、政府，落实到党政领导，实行党政同责、一岗双责、失职追责。摸排和梳理林长制重点生态区域存在的问题，根据“组织在县，运行在乡，管理在村”的原则，列出任务清单、路线图和时间表，对账销号，持续推动林长制工作向纵深开展，做到履职到位。

二是健全工作制度，完善工作机制。根据省、市建立林长制工作方案提出的目标任务，充分结合平邑工作实际，制定出台了《平邑县林长制工作实施方

※ 平邑县平邑街道市级林长责任区荒山绿化（平邑县林长办　供图）

※ 平邑县平邑街道县级林长荒山造林点（平邑县林长办　供图）

案》，明确了建立林长制工作的各项工作任务、保护目标及林长、林长会议、林长会议成员单位及林长制办公室的工作职责。构建了加强组织领导、健全工作机制、强化考核问责、加强社会监督4项保障措施体系，成立了林长制办公室，出台了县级林长制会议、信息报送、林长巡林、工作督办、考核办法、林长办工作规则6项制度。为进一步规范和推进全县林长制工作，结合工作实际，制定了林长制工作提示告知机制，强化工作职责，推进工作落实，提高工作效率，确保全县林长制各项目标任务顺利完成。为增强检察机关、林长制工作机构及相关部门单位协同推进保护发展森林资源工作合力，平邑县林长制办公室与平邑县检察院建立了“林长+检察长”工作机制。各项制度与工作机制的建立，有力地推进了林长制各项工作的落实。

三是积极拓展思路，助推国土绿化向高质量发展。县政府加大造林资金投入，除省奖补资金外，县财政以每亩200元标准进行额外奖补，提高各镇、街道造林绿化积极性。林长制改革以来，全县各级林长按照工作职责积极组织开展植树造林工作，以宜林荒山、荒坡等重点生态脆弱区为重点，实施人工造林和封山育林相结合，打造出了市级林长平邑街道孙家村造林点、县级林长平邑街道老邱峪造林点等一批精品工程。积极争取上级资金，对林分衰退、难以天然更新恢复的林场进行退化林修复。积极探索义务植树的有效机制，推广林木绿地认养认建，营造“党员林”“青年林”“巾帼林”“学子林”等各种纪念林，通过上述措施，每年完成义务植树100万株以上。

※ 平邑县森林防火专业队伍（平邑县林长办　供图）

※ 平邑县森林消防大队演练（平邑县林长办 供图）

四是严格林地监管，森林资源管护水平进一步提升。严格林地使用监督管理，配合行政审批、自然资源部门，对各类建设项目使用林地情况进行查验、审核，避免各类项目违法违规占用林地情况。扎实开展森林督查。每年对年度内发生变化的图斑进行实地核实，避免重大破坏森林资源行为的发生。2021年，共对全县535个疑似图斑进行现场核查，发现5个项目，39个图斑存在违规使用林地情况，目前正在督促整改。加大监管力度，扎实开展“利剑”行动和打击毁林专项行动，全面强化森林资源保护力度，累计移交综合执法部门毁林案件7起，均已立案查处。

五是狠抓防火能力建设，森林灾害防线越筑越牢。积极构建六级责任人的网格化包防体系，建成126人的专业消防队伍，累计投入资金2200余万元，构建“空天地”一体化监测和“人防+技防+物防”全方位保障体系，全面提升水网、路网、监控网“三网”防护体系建设水平和队伍人员、装备运输和跨区域应急支援能力。

六是大力宣传，营造良好的舆论氛围。充分利用网站、微信、QQ、短信、LED显示屏、宣传栏等平台宣传“林长制”工作的重要性和必要性，切实增强群众的生态环境保护意识，激发广大干部群众积极参与植树造林和环境保护的积极性和责任感，形成全民参与、部门联治、社会共治的森林资源保护治理的社会氛围和工作机制，使森林资源管理工作深入人心，家喻户晓，为“林长制”工作营造了良好的舆论氛围。

第七节
兰山区：实施“四绿”工程推动林长制走深做实

2019年以来，兰山区以推行林长制改革为抓手，大力实施管绿、增绿、护绿、营绿“四绿”工程，实现山有人管、林有人造、树有人护、责有人担，实现了森林资源总量、质量效益、管理水平三提升和生态受保护、群众得实惠的双赢目标。

※ 兰山区市级林长公示牌（兰山区林长办 供图）

一、网格化管绿，夯实林长制基础

以分级负责、属地管理为原则，按照全域覆盖、网格管理要求，在全区7个镇4个街道1个经济开发区338个村社区全部实施林长制，共设立三级林长629名，其中区级林长31名、镇（街）级林长87名、村级林长511名，专门配备专业技术人员80名、护林员500余人，构建起“组织在市、责任在区、运行在镇、管护在村”的上下协同、协调有序的林长制长效管护体系，林业工作实现了由部门“独角戏”到市区“大合唱”的转变。在重要生态区域显著位置设立林长制公示牌82个，公布各级林长名单、管护范围、职责和联系方式，接受群众监督和举报，实现一山一坡、一区一域、一园一林专员专管、责任到人。依托林长制网格化责任体系和林长制信息化监管平台，将全区林地资源信息、林长组织体系、任务目标达成等纳入信息化监管范畴，实现对全区林业工作的日常监管及林长任务进度的适时监督。

二、科学化增绿，推进绿化扩面提质

实施“绿满兰山”行动，把2处荒山、26条骨干道路细化分工，由28名区级林长负责，每处明确1个区级单位作为联系单位，镇、村两级林长也逐一明确责任区域。林长制改革以来，全区完成造林3.5万多亩，有林地面积达到15.6万亩。开展荒山绿化彩化工程。以林长制任务片区艾山、茶山风景区裸露山体

※ 茶芽山生态修复治理绿化示范区（兰山区林长办　供图）

※ 兰山区集锦绿化苗木园区（兰山区林长办　供图）

和采石裸岩区等重点生态脆弱区的生态治理修复为重点，坚持因地制宜、适地适树、科学规划、高质量栽植，大力开展人工造林，逐步恢复森林植被，着力打造绿化彩化精品工程。充分发挥财政资金的引导带动作用，大力吸引社会资本、金融资本投入林业生态建设，涌现出了山东天基集团、临沂茶芽山田园综合体有限公司、儒辰集团等荒山造林大户，形成了政府引导、社会资本注入的多元化投入格局。推进森林镇村创建工程。与农村人居环境整治和美丽乡村建设结合起来，充分利用好村旁、路旁、水旁、宅旁等“四旁”空闲土地，以乡土绿化树种为主，高标准设计、高规格绿化，全面提升群众生态幸福指数，目前，全区创建国家级森林乡村2个，省级森林村居7个，市级森林乡镇5个，市级森林村居45个，区级森林村居120个。建设生态廊道绿化工程。重点抓好林长制任务片区3处高速公路、4处国省道、8处县乡道及沂河、祊河等9处主要河流绿色生态廊道建设，加快绿化带的新建、改建和断档补植，参照现有绿化标准要求高质量、高标准建设，着力打造以绿为主、多彩协调、纵横交错、互联互通的森林生态景观网络。

三、高效化护绿，加强森林资源管理

不断强化底线思维，各级林长包项目、抓落实，牢牢守住防火、防虫、林地与湿地保护“三条底线”。全面落实区、镇、村三级林长森林防火责任，严

※ 柳青河生态廊道绿化（兰山区林长办　供图）

格实行领导带班值班和24小时值守、工作日报和森林火情随报制度，森林防火实现零火情。全面加强林业有害生物体系化建设。区镇两级林长包项目、抓落实，在具有监测代表性的重点林区设立重大林业有害生物监测点22个，累计开展飞机施药防治重大林业食叶害虫作业面积100万亩，日本松干蚧打孔注药预防作业面积260亩，有效遏制了重大林业有害生物的扩散蔓延，实现有虫不成灾。严格林地湿地用途管制。区级林长适时下沉一线，镇、村级林长定时查看所包林地、湿地区域，严厉打击乱砍滥伐、乱征滥占等各种破坏林地资源和非法占用湿地、破坏湿地等违法行为。大力提升森林质量水平。在各级林长参与下，全区共完成低产低效经济林改造面积1000亩，预计提供优质林产品年增加600吨，产值年增加300万元；退化林修复有林地面积1512亩，林分蓄积量年增长达9000立方米，增长的蓄积量年吸收二氧化碳4.38万吨，释放氧气3.18万吨，吸收二氧化硫等气态无机污染物86吨、灰尘3.9万吨。

四、产业化营绿，助力产业精深转型

大力实施绿色增值行动，坚持市场导向、政府扶持，区域化布局、规模化种植，做优做强林木种苗花卉和特色经济林产业，构建起现代特色林业产业体系。按照市林长科技示范区建设要求，成立2支林长科技创新团队，突出“科技创新、要素集聚、产业示范”主题，创建以绿化苗木为主的山东集锦绿化苗木

※ 兰山区鲜切花生产基地（兰山区林长办　供图）

项目、天基鲁皖乐享果玩基地、瑞洲园林生态园等5处市级林长科技创新示范园区，强化林业科技典型的带动作用，辐射引领现代林业发展。目前，全区林木种苗花卉面积2.85万亩，实现年产值8亿余元；全区桃、大樱桃、核桃等优势经济林面积6.01万亩，产量7532.5吨，实现年产值5亿余元。深入贯彻落实全市推动新旧动能转换、产业转型升级工作，从园区建设、明确标准、分类整合、技术提升、保障服务方面入手，加快木业企业整合提升，推动木业产业园区建设。2021年，临沂兰山木业产业园区获批“国家林业产业示范园区”，园区内共有项目53个，其中产值过亿元规模以上木业企业16个，拥有中国驰名商标2个、中国名牌产品1个、国家林业重点龙头企业1个、山东省林业产业龙头企业4个，全区木业产业产值达到264亿多元。

※ 新港木业自动化板材生产线（兰山区林长办　供图）

第八节
郯城县：落实“林长+检察长”机制 凝聚古树名木保护合力

自全市推行林长制改革以来，郯城县认真贯彻落实中央、省、市关于林长制决策部署要求，在全县范围内建立健全县、乡、村三级林长制组织体系，优化调整县级林长16人、镇级林长208人、村级林长748人，构建形成了党政同责、部门联动、责任明确、长效监管的森林资源保护发展机制。

郯城县被誉为“中国银杏之乡”，在林长制改革过程中，立足境内银杏等古树名木资源丰富、历史文化遗迹众多的特点，突出在古树名木保护方面建立落实“林长+检察长”工作机制，县林业主管部门联合县检察院共同出台《关于加强古树名木保护的协作意见》，并探索设立生态检察官，推行“行政监管+刑事惩治+公益诉讼”工作模式，凝聚起保护古树名木的强大合力。

郯城县人民检察院
郯城县自然资源和规划局

郯检会〔2021〕4号

关于加强古树名木保护工作的协作意见

为认真贯彻落实“林长+检察长”工作机制，发挥检察机关法律监督职能作用，强化检察监督与行政执法衔接配合，形成保护发展森林资源的强大合力，结合本县工作实际，就古树名木保护工作制定以下意见。

第一条 郯城县自然资源和规划局负责对全县范围内古树名木单株与古树群落情况统一进行编号、登记、建立档案，并就古树名木动态变化情况定期通报郯城县检察院。

郯城县自然资源和规划局可将涉及古树名木工作部署、重大政策、执法信息等与县检察院共享。

第二条 郯城县检察院在郯城县自然资源和规划局设立生态检察官工作站，专人负责，保证信息畅通。

1

※ 郯城县两部门关于加强古树名木保护工作的协作意见（郯城县林长办　供图）

※ 郯城县林长办、检察院开展联合巡查调研（郯城县林长办　供图）

一、引入法律监督

郯城县林长办与县检察院组成联合调研组，对全县范围内的46棵古树名木单株、11个古树群落立地保护情况进行了一次全面调查，详细掌握了古树名木的地点、长势、病虫害、生长环境、保护措施的最新情况，为做好后续工作拿到第一手资料。根据调查情况，县检察院对全县古树名木保护中存在的问题发出了检察建议书，县林长办组织召开了全县古树名木保护工作会议，通报普查情况、存在的问题和检察机关公益诉讼工作开展情况，对进一步加强古树名木保护作出具体安排。

二、深入整改问题

针对古树名木保护普查中发现的问题，县林业主管部门和县检察院会同

※ 郯城县古树名木保护工作会议（郯城县林长办　供图）

※ 郯城县古树名木保护专家论证会（郯城县林长办　供图）

有关乡镇认真分析原因、查找症结，积极对接相关部门、科研单位寻求指导、帮助，认真整改落实到位。以县政府办公室名义下发加强古树名木保护工作的通知，重新调查摸排各乡镇（街道、开发区）古树名木基础信息，特别是散落在个人宅院内的古树，做到应查尽查、不漏一树，进一步健全完善古树名木台账、档案并定期更新。专门邀请市林业局古树保护专家、中国银杏协会专家，召开了古树名木保护论证会，对全县古树名木保护“问诊把脉、开出药方”，

※ 郯城县3000年银杏古树名木保护修复现场（郯城县林长办　供图）

※ 郯城县新村银杏古树群（郯城县林长办　供图）

对最具代表性的古树名木提出“一树一策”指导意见。

三、提升保护成效

在完成普查发现的问题整改的基础上，持续完善古树名木保护工作措施，按照省、市古树名木保护办法分级保护规定，划定古树名木保护范围，设置保护栏、公示牌、专业支撑架，为高大单株古树安装避雷装置，保障古树生长空间，完善避险措施。落实养护单位（人）责任制，明确古树名木养护主体，签订养护责任书，并对养护方提供技术指导和服务，坚持日常管护与抢救复壮并重；同时，依托林长制实行网格化管理，严格落实林长、护林员、网格员的保护监管责任，严禁违法砍伐破坏移植古树名木，严厉打击盗采倒卖古树名木。在增加政府预算资金投入的同时，借鉴全民义务植树的尽责形式，大力引导企业单位和社会公众认养古树名木，拓宽资金渠道，落实经费保障，并大力宣传保护古树名木的重要意义，提高全民参与保护的意识。

第九节
罗庄区：林长制改革推动三产融合做活“花木经济”

罗庄区是我国北方地区重要的花木集散中心。近年来，罗庄区以深化林长制改革为契机，积极推动大花木产业转型升级，给传统花木产业赋予“生态+经济”新势能，融入“康复康养+特色旅游”新理念，构建全环节提升、全链条增值、全产业融合的现代花木产业体系，年销售额突破60亿元。

一、强化政策和金融支持

出台《关于加快花卉产业发展的意见》，成立花木产业发展领导小组，设立花木行业党委，研究制订支持花木产业发展的具体措施，在奖补、财税、人才、研发等方面加大政策支持力度。“罗庄花卉苗木高效示范基地”项目列入山东省乡村振兴项目库。设立花木产业专项投资基金，暂定认缴规

※ 罗庄区“中国花谷”规划图（罗庄区林长办 供图）

※ 罗庄区中国（临沂）花木博览城（罗庄区林长办　供图）

模5000万元；实施花木产业资金合作计划，与临商银行签订协议新增不少于30亿元的授信规模，帮助重点花木产业企业或项目切实解决融资难题。

二、实施龙头项目引领

科学编制“中国花谷”规划，明确“两核一带”的大花木产业空间布局。引进龙头企业，建设中国盆景博物馆、盆景商业公园、万亩级现代种植基地、现代花木产业城、花木文旅小镇、江北最大花木市场，打造大型国际花卉博览中心。到目前，“中国花谷”项目完成投资45亿元，全部建成后可创造就业岗

※ 罗庄区中国（临沂）花木博览城花卉绿植专区（罗庄区林长办　供图）

※ 罗庄区中国（临沂）花木博览城精品盆景区（罗庄区林长办　供图）

位6000余个，实现年交易额100亿元。

三、推进产业集群建设

按照“抓大抓强、择优扶强、攻大求优”的思路，依托“中国花谷”项目建设，实施重点龙头企业培育计划，做大做强花木产业集群。目前，已形成东西南北四大花木基地格局，种植花木2.6万亩，建成规模化苗圃260家，经营户达5060家，从业人员2.6万人；建成江北最大的中国（临沂）花木博览城，日交易额最高800余万元；2022年“中国花谷”项目被列为省级现代服务业集聚示范区。

四、借力电商做强销售

与阿里、京东、抖音、快手分别达成合作，形成园艺京东自营专区、快手电商直播基地、天猫超市、抖音农资绿植直播基地，打造集仓储、养护、包装、发货、售后服务于一体的全国最大的花木园艺类电商供应服务平台。天猫店铺绿植类目链接综合排名全国第一，推动全国首家农资绿植类目抖音电商直播基地落户罗庄，并引进服务绿植类直播销售。自运营以来，已吸引意向入驻商户1000余家，花木电商全平台月成交额已达4000万元。

五、创新提升产业质量

联合中科院植物研究所、清华大学等国内著名科研院所，构建科研平台推进成果转化，成立中国花谷科研中心、中科院（临沂）水生植物研究所，与国

※ 罗庄区中国花谷科研基地（罗庄区林长办　供图）

※ 罗庄区中国花谷电商仓储（罗庄区林长办　供图）

※ 罗庄区中国花谷数字交易大厅（罗庄区林长办　供图）

家载人航天办公室合作，运用航天育种技术进行花木产业新品种选育，同步建设工厂化组培实验室对新品种进行快速扩繁。2021年利用“神舟12号”飞船搭载的百日草、牡丹、万寿菊等16种花卉种子已全部返回，正在进行试验种植和选育；2022年搭乘“神州14号”飞船携带近50克、8个花木品种进行航天育种研究，现阶段同步准备“神州15号”飞船所携带的种质资源。

六、扩大产业影响力

举办亚洲电子商务生态发展大会暨首届国际花木产业数字博览会、中国精品盆景邀请展、中国盆景收藏家藏品国家大展等各类大型展会15次，成为中国尊、中国鼎、中国爵三大国家级盆景大展永久会址。发展花木文旅产业，把中国（临沂）花木博览城打造成集花木集散、文化展示、旅游研学、休闲康养于一体的3A级景区，同时积极申报4A级景区、国家种质资源库、国家级农业公园，日接待游客超过万人。构建花卉数字产业链条，以临沂区域全面经济伙伴关系协定数字产业生态示范园为依托，推动花木生产、品牌、销售等环节智能互联。

第十节
临沭县：创新体制机制
推动自然资源执法巡查工作融合发展

临沭县按照“源头严防、过程严管、后果严惩”总体思路，在自然资源和规划系统着力构建“全域全程监管、分层分级负责、巡查查处融合”执法新格局，有效提升发现和制止自然资源领域违法行为能力，推动巡查执法工作融合发展。临沭县在自然资源部自然资源违法案件查处业务研讨会和全省自然资源执法信息化建设现场研讨会上作典型发言，相关经验做法被自然资源部执法局发文推广，在《中国自然资源报》《山东自然资源简报》和临沂政务信息网报道刊发。

※ 临沭县自然资源执法巡查大队（临沭县林长办　供图）

※ 临沭县自然资源执法巡查中队（临沭县林长办　供图）

一、健全保障机制，夯实执法巡查工作基础

健全组织体系。印发《自然资源和规划执法巡查工作实施办法》和《关于加强自然资源和规划执法工作的通知》，成立自然资源和规划执法领导小组，领导小组办公室加挂执法巡查大队牌子，全面负责土地、矿产、规划、林业和测绘等执法巡查工作。配强队伍力量。从县自然资源和规划局、县综合行政执法局抽调、划转人员40名，招收辅助性、公益性岗位人员47名，负责日常巡查、立案查处、司法衔接等工作，及时解决落实“12345”政务服务热线、“12336”国土资源违法举报热线反映的问题和违法线索。建立推进机制。建立日常巡查发现违法线索和群众举报违法线索工作台账，全面梳理排查近年来卫片图斑、违法建设、毁林占地等情况。每月汇总通报巡查台账，量化考核各村（社区）网格员，对巡查责任未落实、报告不及时、重大违法行为未发现的，扣减考核分数，纳入县对乡镇（街道）经济社会发展考核。

二、细化责任架构，创新执法巡查工作模式

一创新部门协同推进模式，县自然资源和规划局对执法监管工作负总责；乡镇（街道）统筹县局派驻人员和基层执法力量，坚持全面排查、共同推进，确保巡查发现的违法占地面积与季度卫片执法检查发现的违法占地面积重合比

※ 临沭县自然资源执法人员查处滥伐林木现场（临沭县林长办　供图）

※ 临沭县自然资源执法人员清缴猎捕野生动物器具（临沭县林长办　供图）

例不低于90%，违法占地一周内整改到位，卫片违法图斑“清零”；公安、法院等部门按职责分工落实违法惩戒、处罚措施。创新网格化管理模式。依托三级“林长”“田长”组织体系和基层服务网格化管理平台，将全县划分为608个基础网格，配备网格员1216名，着力补齐村级巡查空白，重点解决案情简单、标的小、事实清楚的案件，避免过度依赖行政处罚和行政强制手段，共发现上报违法线索176条，占全部违法线索的78%，协助查看一级现场166起，协调解决问题52件。创新“巡”“查”分线并进模式，成立4个巡查中队、4个查处中队和1个城区综合中队，依据乡镇（街道）划分巡查区域，分配巡查任务，明确查处范围。各乡镇（街道）成立执法巡查分队，配备14台车辆，10名以上人员，由国土所所长统一调度负责。

三、坚持三个强化，提高科学执法效能

强化硬件配备。配备10台巡查车辆、30台对讲机及执法记录仪等执法设备，保障全天候执行紧急任务，配备4台无人机（其中1台带坐标测量）测绘仪，实行陆空结合巡查，有效提升了巡查效率和威慑力。对少批多占、越界超采等违法行为进行现场测量坐标，及时移交查处中队查处，实现“防打消”一体化。强化依法行政，通过自学、法治业务集中培训和自然资源大讲堂相结合的方式，不断提高执法水平。对巡查发现的违法行为及时制止，以违法者自行拆除为主，必要时采取蹲守式执法，直至消除违法行为，改变了以往一纸责令停工、后期违法行为继续的情况，现场制止违法建设且群众自行拆除的约占60%。强化群众参与。开通“临沭县自然资源执法监督”微信公众号，研究开发“一键举报”小程序，举报人可通过微信上传违法照片和位置等信息，巡查人员收到信息后迅速到位核实。开展“无违建村居”评选活动，进一步提高群众对自然资源和规划执法工作的知晓度和认同感。

第五章

宣传推广

为加大新闻舆论宣传，在琅琊新闻网、《临沂日报》、临沂电视台等媒体建立信息发布平台，设立专题专栏；编发“临沂林长”工作简报，开通“临沂林长”微信公众号；印制“林长制明白卡”“林长制一张图”“林长制宣传画册”等宣传材料，拍摄林长制专题片，召开林长制新闻发布会；联合临沂市电视台开设“基层林长访谈”系列节目，加大林长制工作宣传。

临沂相关经验做法在国家林业和草原局简报陆续刊发3次，入选国家林草局林业改革发展典型案例，被山东省自然资源厅正式发文推广，“临沂市实施森林生态效益横向补偿”等5个典型案例入选山东省自然资源厅2021年度自然资源领域生态产品价值实现典型案例；《人民日报》、新华社、《中国绿色时报》、《大众日报》、山东电视台等媒体进行了专题采访报道；先后有河南、广东、山西、江苏等30多个省、市、县来临沂市考察学习。

※ 琅琊新闻网林长制改革专题

4月29日，临沂市召开林长制推行会议，率先在全省吹响了地级市林长制部署推行的号角。启动林长制工作，是临沂继“河长制”“湖长制”之后践行绿色发展理念的又一制度创新，势必开启新时代临沂林业生态建设和改革发展的新篇章。

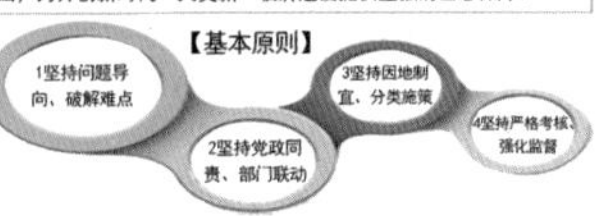

【指导思想】

以习近平新时代中国特色社会主义思想为指导，坚持“生态优先、绿色发展”导向，强化各级领导干部增绿、提质责任意识，以全面推行林长制为总抓手，大力开展“绿满沂蒙”行动，加快推进国土增绿、森林提质和资源保护，发展好守护好沂蒙这片绿水青山，为开创新时代“大美新”临沂建设提供坚强的生态保障。

【基本原则】

1坚持问题导向、破解难点

2坚持党政同责、部门联动

3坚持因地制宜、分类施策

4坚持严格考核、强化监督

※ 临沂“林长制一张图”宣传单页

林长制明白卡

1、什么是林长制？
林长制：是指将国土增绿、森林提质和资源保护与发展的职责落实至各级党政主要领导，实行党政同责、一把手负总责、分管领导具体负责、班子成员分片包保的责任制体系，是新时代生态文明建设的制度创新。

2、全市有哪四级林长？
市级：市级总林长、市级副总林长、市级林长；
县级：县级总林长、县级副总林长、县级林长；
乡镇级：乡镇林长、乡镇副林长；
村级：村级林长、村级副林长。

3、各级林长职责
市级总林长、副总林长职责：
负责领导、组织全市森林资源发展和保护工作，承担全市林长制实施的总督导、总调度、总协调。
市级林长职责：
在本级总林长的领导下，负责领导、组织责任区域内荒山绿化彩化、生态廊道建设、森林质量提升和资源保护管理等工作，协调解决重点难点问题。
县区级总林长、副总林长职责：
负责领导、组织辖区内森林资源发展和保护工作，承担本级林长制实施的督导、调度、协调，并配合市级林长做好责任区域内相关工作。
县区级林长职责：
在本级总林长的领导下，负责领导、组织责任区域内相关工作，协调解决重点难点问题。
乡镇级林长、副林长职责：
负责领导、组织辖区内域森林资源发展和保护工作，并配合落实上级林长交办的工作任务，负责对村级林长履职情况进行监督管理。
村级林长、副林长职责：
负责落实辖区内森林资源发展和保护工作，并配合落实上级林长交办的工作任务。

4、林长制办公室职责是什么？
各级林长制办公室是各级林长会议的办事机构，履行如下职责：
(一)负责对接上级林长制办公室，联系本级以下林长制办公室。
(二)负责承办本级林长交办的工作及日常工作。
(三)负责林长制宣传、督查、管理和考核，组织实施和监督协调各项任务贯彻落实。
(四)组织对全市范围内各级林长制改革的基本信息进行统计分析和信息发布。

5、护林员、技术员、警员职责
（一）护林员负责做好责任区森林资源的管护、巡查及进出人员的登记和宣传；熟悉和掌握责任区域情况，及时对巡山护林、失盗林木情况进行自查登记；加强森林火灾及有害生物巡查和防范，及时发现并协助消除火灾隐患，及时报告疫情；对责任区域出现破坏、失盗情况，及时反映汇报，保护现场，摸清情况，主动配合有关部门查明原因。
（二）技术员负责宣传林业方面的法律、法规和各项方针、政策；开展林业资源调查，建立林业资源档案；协助当地林业主管部门进行森林经营方案实施及林木采伐管理工作；推广林业科学技术，开展林业技术培训，指导林农开展良种选育、森林抚育、林农产品加工及销售；为做好森林防火、有害生物防治等工作提供技术服务。
（三）公安民警负责承担责任区涉林案件线索信息收集、接收涉林案件投诉举报，加强与联络员、护林员协作，查处涉林案件，参与林业重大刑事案件侦破和重大森林火灾应急处置等工作，开展林业法律法规的宣传和教育普及工作。

6、什么是五个一？
五个一：一林一档（林长信息档案，包括林长行政职务、日常联系方式、责任区具体位置、四至界限、责任区的森林资源现状等）；
一林一策（责任区的森林经营方案）；
一林一技（林长责任区对应的林业科技人员）；
一林一警（林长责任区对应的公安民警）；
一林一员（林长责任区对应的护林员）。

7、你在林长制中可以做哪些事？
①在房前屋后和自留山上多栽树；
②清明上坟不带明火上山；
③如果有人带火上山，乱砍滥伐就向相关部门举报；
④发现山场着火主动帮助灭火(不得动员残疾人、孕妇、未成年人等其他不适宜参加灭火的人员)并立即打12119报警；
⑤在庭院和自留山种植花草树木，美化环境；
⑥支持在林区修路、修塘等工程建设；
⑦积极加入林业合作社。

※ 临沂“林长制明白卡”

※ 临沂林长制宣传画册

国家林业和草原局
国家公园管理局 简报

第114期

国家林业和草原局 2020年12月30日

各地积极探索试点林长制多种模式

全面推行林长制是中央作出的一项重大制度安排，但从全国来看，各地情况不一，制度设计和管理模式也不尽相同。近年来，各地在林长制制度建设和实施方面积极开展试点，探索出了系列符合中央要求、符合地方实际的系列好经验好做法，有效压实了地方政府特别是各级林长保护发展森林资源等目标责任，显著提升森林资源管护水平。现予以刊发，供各地借鉴。

一、江西10项保护性指标、3项建设性指标，考核问责项项严格

2018年7月，江西省委、省政府出台《关于全面推行林长制的意见》，全面实行林长制。通过2年的实践与探索，林长制工作成效逐步显现，全省林业事业大保护大发展格局初步形成。

—1—

※ 国家林业和草原局简报刊登临沂林长制经验做法

森林资源监督管理工作

简　报

2020年第6期（总第126期）

国家林业和草原局森林资源管理司 2020年7月16日

【编者按】推行林长制，是贯彻落实习近平生态文明思想的具体实践。两年多来，各地党委政府立足实际，积极探索努力推进林长制改革工作，抓重点、补短板、强弱项、重效果，推行了不少先行先试的做法，形成了一些值得学习借鉴的经验。现将山东、江西的一些做法编发，供交流学习。

— 1 —

※ 森林资源监督管理工作简报刊发临沂林长制经验做法

山东省自然资源厅

鲁自然资字〔2020〕131号

山东省自然资源厅
关于学习借鉴禹城滨州日照临沂有关改革经验
深入推进自然资源领域改革的通知

各市自然资源和林业主管部门，厅机关各处室、厅属各事业单位：

今年是省委、省政府确定的“重点工作攻坚年”，资源环境领域改革攻坚行动是九大行动之一，改革任务重、难度大。禹城市、滨州市、日照市、临沂市聚焦自然资源领域重点任务，先行先试、积极探索，分别在农村集体经营性建设用地入市、“标准地”出让制度改革、森林防火、林长制改革方面形成了许多好的改革攻坚经验。根据《山东省自然资源改革攻坚典型经验管理办法》，现将以上改革攻坚经验予以印发，请认真学习借鉴。各地

- 1 -

※ 山东省自然资源厅印发文件推广临沂林长制经验做法

※ 2020年4月，山东省自然资源厅组织媒体采访团采访报道临沂市林长制工作

※ 2020年8月，临沂市政府召开林长制专题新闻发布会

※ 2020年7月，临沂市电视台林长制专题节目采访拍摄

※ 2020年9月，《中国绿色时报》记者专题采访临沂林长制工作

※ 2022年4月，临沂市电视台《政道》栏目“基层林长访谈”系列节目采访拍摄（临沂市林长办　供图）

生态 14
人民日报
沂蒙山 再多一分绿
山东临沂推行林长制，激发爱绿护绿积极性

临沂日報
全市"双城同创"总结林长制推行会议召开
准确把握形势 明确方向重点 推动军民融合发展科学化高效化
我市全面推行林长制 筑牢绿水青山底色

中国绿色时報
CHINA GREEN TIMES
林长制：新抓手，新地位
——山东临沂林长制解决生态资源保护发展诸多难题
林长制与机构改革相互成就
北京公布19处红叶观赏片区
首届中国（大连）国际林产品高峰论坛举办
技术创新成为竹产业的持续推动力
广西首届苗交会成交2.1亿元
又见山明水秀新宁夏
生态扶贫扶出红火日子

大众日报
地方观察 临沂新闻 13
临沂1.2万名林长全域覆盖
社区网格化管理走出新路子
委书记上门给劳模颁奖

02 民生
沂蒙晚报
□我市做活"绿"文章，造林26万亩
□设立四级林长12021人，横到边纵到底
最是人间好颜色
绿盖叠翠满沂蒙
林长制 从"有名"到"有实"
遗失声明

※《人民日报》专题报道临沂林长制工作

※《临沂日报》聚焦林长制改革专栏

※《中国绿色时报》头版头条报道临沂林长制工作

※《大众日报》临沂林长制专题报道

※《沂蒙晚报》专题报道全市林长制工作

※ 2019年7月，河南省洛阳市林业局来临沂考察交流

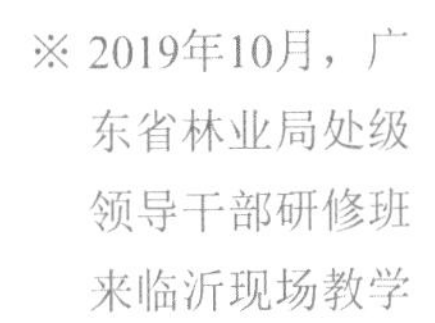

※ 2019年10月，广东省林业局处级领导干部研修班来临沂现场教学

※ 2020年6月，泰安市林业局来临沂考察交流

※ 2020年9月，聊城市自然资源和规划局来临沂考察交流

※ 2021年1月，山西省林业和草原局来临沂考察交流

※ 2021年5月，江苏省扬州市自然资源和规划局来临沂考察交流